湖北省学术著作出版专项资金资助项目

工程景观研究丛书

万敏　主编

Space Utilization and Landscape Under Urban Viaduct

城市高架桥下

空间利用及景观

殷利华　著

图书在版编目(CIP)数据

城市高架桥下空间利用及景观/殷利华著.—武汉:华中科技大学出版社，2019.1
(工程景观研究丛书)
ISBN 978-7-5680-5216-0

Ⅰ.①城… Ⅱ.①殷… Ⅲ.①城市空间-空间利用-研究-中国 Ⅳ.①TU984.2

中国版本图书馆 CIP 数据核字(2019)第 098031 号

城市高架桥下空间利用及景观 殷利华 著

Chengshi Gaojiaqiao Xia Kongjian Liyong ji Jingguan

策划编辑：易彩萍
责任编辑：易彩萍
封面设计：王 娜
责任校对：李 琴
责任监印：朱 玢
出版发行：华中科技大学出版社(中国·武汉) 电话:(027)81321913
武汉市东湖新技术开发区华工科技园 邮编:430223
录 排：华中科技大学惠友文印中心
印 刷：武汉市金港彩印有限公司
开 本：710mm×1000mm 1/16
印 张：13
字 数：197 千字
版 次：2019 年 1 月第 1 版第 1 次印刷
定 价：158.00 元

本书得到以下2个基金项目的支持：

(1) 桥阴海绵体空间形态及景观绩效研究(国家自然科学基金面上项目，项目批准号:51678260)；

(2) 桥阴海绵体空间形态及景观研究(华中科技大学自主创新研究基金项目，项目批准号:2016YXMS053)。

作者简介 | About the Author

殷利华

殷利华，女，湖南省宁乡市人，博士。现为华中科技大学建筑与城市规划学院景观学系副教授，湖北省城镇化工程技术研究中心研究人员，美国华盛顿大学（西雅图）访问学者，湖北省风景园林学会女风景园林师分会副秘书长。

主要研究方向为风景园林规划与设计、绿色基础设施及景观、工程景观学、植景营造、景观绩效等。先后主持了2项国家自然科学基金项目、1项湖北省自然科学基金项目、2项中国博士后科学基金课题、2项校级教改及创新课题，发表论文30余篇，已出版专著1本，申请实用新型专利1项。

在研课题关注城市高架桥下消极空间的积极利用及其景观的生态化处理措施、城市道路雨水的生态化就地处理、道路生态景观营造、雨水花园措施研究及实践等。同时对城市自然教育及景观、城市生态修复及景观绩效、绿街及公共空间生态景观等课题有浓厚兴趣。主要承担本科、硕士生“风景园林植物”“植景营造”“景观设计”等专业课程教学工作，并作为课程负责人在中国大学MOOC（慕课）网成功上线“园林植物”慕课课程。

联系邮箱：yinlihua2012@hust.edu.cn。

序　言

中国的城市高架桥建设一直处于高速发展阶段，构成一道与国外城市建设截然不同的“风景”。在城市建设用地有限、小汽车数量持续增长的今天，高架于已有的城市街道空间或城市陆地地面的城市高架桥，被视为解决城市地面交通拥堵问题的一种经济、有效的途径，其庞大、雄伟的身躯似乎在彰显一种“现代、发达、先进”的城市形象，然而这也是一系列城市高架桥大量建设问题产生的起源。

城市高架桥下产生的大量桥下空间及利用问题就是其中凸显的代表性问题。这个空间属于城市公共空间，因其被长长的路桥面覆盖，又具备了特殊的特征：纵向联通，连续，存在阴影、噪声、震动、扬尘、尾气，横向隔离，危险，灰色，干燥，弱光，少雨……为有效管理和利用这个城市公共空间，城市管理部门和市政建设部门、交通部门等都开始对其进行不同功能的设计，但目前我国还没有形成被一致认同的有效做法。笔者在调研中发现，北京已经率先形成了“桥下空间使用管理处”，这有利于桥下公共空间的有效管理和更多功能及景观的注入，有利于提高这个空间的综合利用价值。

城市高架桥引发的相关城市环境与景观问题是城市建设需要面对和着力解决的问题。首先，从城市景观肌理来看，高架桥在城市的空中竖向交织，其大尺度、长且突兀的形象外观，不仅粗暴地隔断了城市景观空间，加剧了城市景观破碎化程度，而且同时也更改了城市自身的地域性景观特性，直接磨灭了城市的固有记忆。其次，从生态环境上看，高架桥的建设给周边地区带来了大量的噪声、空气污染等问题，极大程度地将高架桥周边乃至整个城市的居民生活环境质量边缘化(Jian Hang，et al，2016)。最后，从社会文化角度上看，高架桥给城市带来了大量的半封闭式灰色消极空间，这些空间环境恶劣，且缺少相应的空间利用规划设计，利用率低，浪费了城市宝贵的空间资源，也成了滋生大量社会安全问题的温床。

城市高架桥建设引发环境及景观消极问题，为推进生态城市建设以及健康城市建设，需要及早采取措施进行介入和整治。20世纪中期，欧美国家已开始着手实施拆桥、“反桥”等城市规划措施，20世纪末期，日、韩等亚洲国家亦开始参与其中。对比发达国家，我国近年来才开始有较多学者关注城市中的桥下空间积极利用及多样化景观的问题。

本书梳理国内外交通、绿化、游赏休闲、商业利用、运动休闲以及其他类（居住、办公、文化创意及展示、服务设施）共9种桥下空间利用方式，整理国内外优秀的桥下空间利用案例，给我国今后大量的城市高架桥下空间利用以及对应的桥阴景观营建提供一点参考借鉴，从而使我国城市的桥下空间利用能化消极为积极，更多地纳入城市公共空间积极利用的范畴，使得城市公共空间景观建设更加丰富多彩，从而从具体的城市公共空间利用及景观积极建设的角度，反映和提升城市的生态文明建设。

感谢华中科技大学建筑与城市规划学院景观学系万敏教授主持《工程景观研究丛书》的编写，以及硕士研究生王可、秦凡凡、杨茜、杨鑫、王颖洁、张雨、彭越、刘志慧，2013级风景园林系本科生赵天琦、陈梦芸，2016级本科生王兆阳为本书编写进行的实地调研、文献收集与专题整理工作。感谢华中科技大学出版社易彩萍编辑的辛勤工作！感谢家人对我的支持和帮助！

2018年9月30日

目　　录

第一章　城市高架桥下空间及形态

第一节　城市高架桥的概念及类型

一、城市高架桥的概念

城市高架桥(urban viaduct,elevated road)是指为了解决城市平面道路交通干扰问题,提高道路通行能力,在陆地上用多段高出地面的连续桥墩,将道路高举、架设到空中的现代交通构筑物。狭义的城市高架桥常指供汽车通行的高架桥或高架道路,本书中的高架桥为狭义高架桥。

高架桥具有三个显著特点:①架设的目的是缓解地面交通压力;②是具有支柱支撑的空间通道设施;③具有三维空间特性,可容纳多层交通干线,以避免多条道路平面交会,包括人行天桥、跨线桥、铁路高架等(刘颂等,2012)。

二、城市高架桥的类型

城市高度发展后,交通拥挤,建筑物密集,而街道又难以拓宽,采用城市高架桥可以缓解交通压力,提高运输效率。

(1) 根据高架桥所在区域,高架桥可分为城市高架桥及国土高架桥两类。本书主要聚焦点为城区内的高架桥,即城市高架桥。城市高架桥包括公路高架桥、轻轨高架桥、人行天桥等高架轨道,其中本书的研究对象主要指服务于汽车通行的狭义城市高架道路桥。

(2) 按桥面形态,城市高架桥可分为延伸式、交会式两类;按组合关系,可以分为单并列式及分离式单层、双层、多层高架桥;按构筑原料及构造,可分为钢筋混凝土高架桥、曲线预应力混凝土高架桥、钢构架桥等(筱原修,1982;鞠三,2004)。

(3) 依据功能,高架桥包含快速高架路、立交桥、高架轨道三类。快速高架路是指供机动车快速通行的高架道路;立交桥是指两条或多条交叉高架桥的交会处;高架轨道则是城市轨道交通的一部分(图1-1)。

(a)

(b)

(c)

图 1-1 城市高架桥类型

(a)快速高架路;(b)立交桥;(c)高架轨道

(图片来源:https://image.baidu.com/search)

(4) 城市高架桥按结构类型可分为梁桥、钢构桥、拱桥、斜拉桥和悬索桥等类型,其中梁桥在城市高架桥中应用最广,其他结构形式除对跨径布置有限制或对景观有要求外,一般在城市高架桥中应用较少。

(5) 城市高架桥按材料可分为混凝土桥、钢桥、钢-混凝土组合桥,应用均比较广泛。常用的混凝土梁桥分为预制空心板梁桥、预制小箱梁桥、预制T梁桥及现浇箱梁桥等,随着人们对桥梁景观要求的不断提高,现浇箱梁桥在城市高架桥中应用越来越广。常用的钢桥包括钢箱梁桥、钢板梁桥及钢桁梁桥等。

第二节 城市高架桥建设历程与阶段

据国务院公安部交通管理局统计,截至2016年年底,我国汽车保有量已高达1.93亿辆,与2009年的0.51亿辆对比,保有量翻了近两番,若以此速率发展,估计2020年汽车保有量将冲破2亿辆(图1-2)。汽车的保有量上升

无疑加大了城市交通流量(中国产业信息网,2016)。与此同时,随着城市的发展,密集的建筑物不断挤压道路空间,城市交通拥挤程度不断加深,上下班高峰时段交通拥堵已成为各大城市的通病。

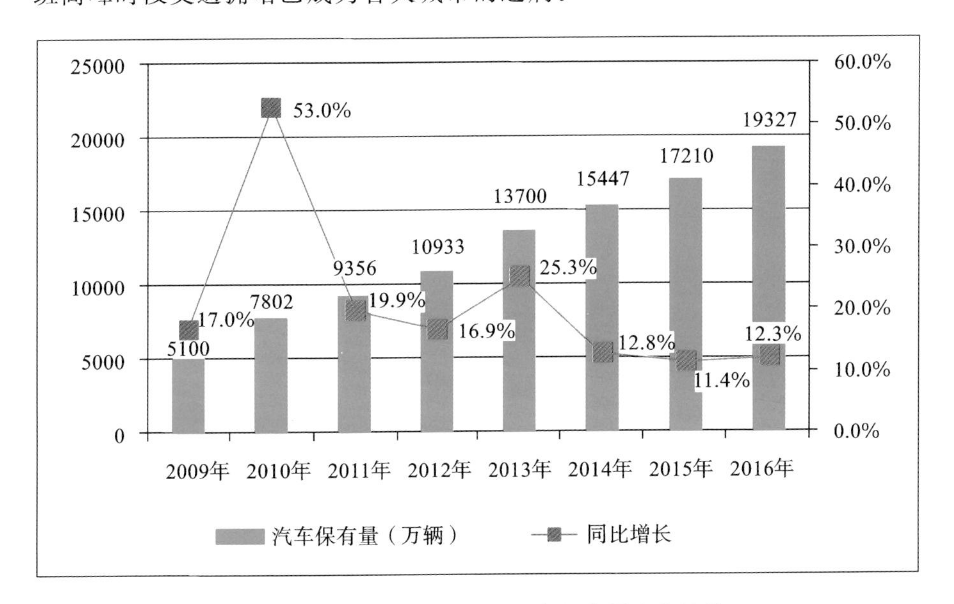

图 1-2　2009—2016 年我国汽车保有量变化趋势

(图片来源:http://www.chyxx.com/industry/201604/407660.html)

为缓解城市平面交通压力,高架桥应时而生。国内首座城市高架桥于1987年在广州建成,主线总长达26.7 km,对广州交通的疏导发挥着极大的作用,也就此开启了国内高架桥建设的引擎,截至2016年年底,在全国范围内,除去在建及拟建的高架桥,已建成的高架桥数量高达3万余座,而未来高架桥的建成数量依旧很可观(金奕,2016)。

第三节　城市高架桥下空间形态

城市高架桥下空间(本书以下均简称“桥下”或“桥下空间”)是一个典型的道路交通附属空间。

一、高架桥组成结构

在城市高架桥的整体空间组成方面，横向上，包含引桥（引导其他交通部分）、正桥（主体通行部分）、主跨（不同高架横跨部分）三部分。竖向上，可分为上部、支座、下部、附属设施四大结构：上部包括盖梁和桥面设施，是主要承重结构；支座则是上部与下部的传力结构；下部包括墩柱、墩台及基础三部分，墩柱和墩台负责支撑及传递上部结构荷载至基础部分，基础部分则是最底部的构件，负责承受全部的荷载（图 1-3）。

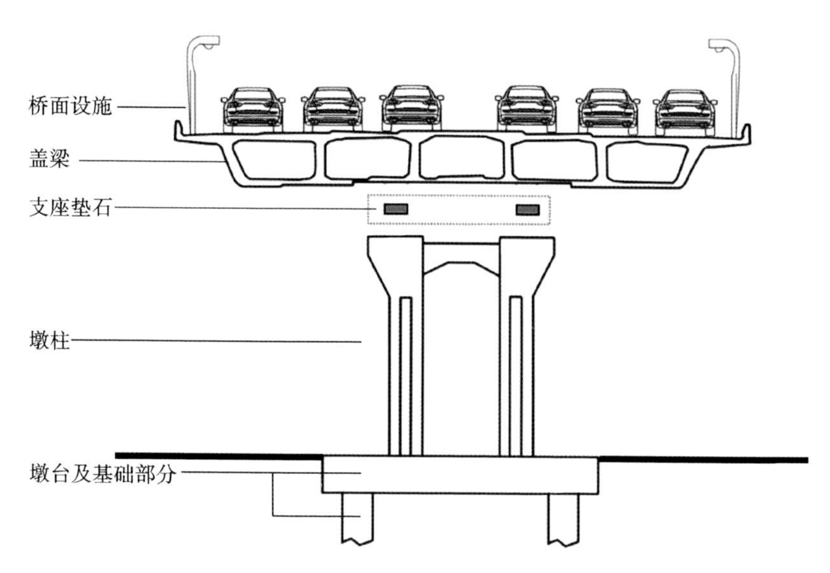

图 1-3　高架桥结构组成分解示意图

（图片来源：课题组绘）

二、高架桥下空间横断面特点

高架桥的桥阴空间是高架桥的附属空间，由墩柱、桥板、桥梁以及空间环境四大构成要素组成，是受自然光对桥体投影影响的空间范围，根据常年日照投影影响程度，可以分为投影影响范围 A、垂直投影核心影响范围 a（图 1-4）。

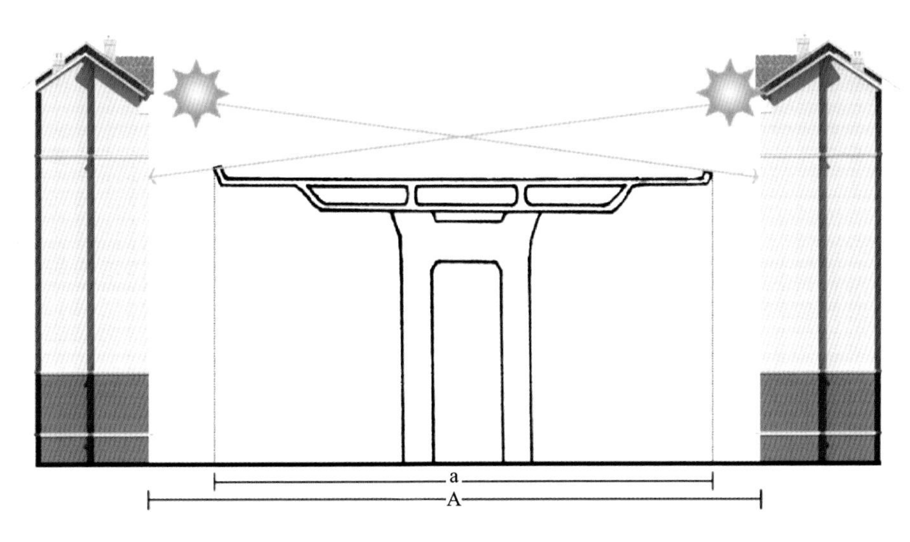

图 1-4 桥阴空间

（其中 A 区为投影影响范围，a 区为桥体垂直投影核心影响范围）

（图片来源：课题组绘）

墩柱和高架桥桥面是高架桥可视范围内最重要的组成部分，不同的桥面形态、墩柱形式、桥面桥宽与净高比三方面共同决定了桥阴空间的形态。

1. 桥面形态

从平面形态分，高架桥桥阴空间可分为线状延伸型、点状交会型、网状汇集型三类（图 1-5）。线状延伸型的桥阴空间简单直接，呈连续线型，空间较窄，利用方式有限；点状交会型的桥阴空间呈明显汇聚团状，空间相对较宽，可利用的方式较多；网状汇集型的桥阴空间由多个线状及点状空间组成，该类型用地规模大，多以互通式或部分互通式立交出现，是展现城市面貌与特色的重要场所。

2. 墩柱形式

根据高架桥桥板宽度及承重要求，各类型墩柱有着较大的区别。墩柱形式可分为中央单柱式、中央双柱式、两侧单柱式三个基础大类，其他形式都在这三类的基础上衍生变化而来（图 1-6）。

中央单柱式墩柱应用在桥面较窄的高架桥。该桥阴空间常见的利用方式为道路交通、绿化等对占地要求小的类型，一般将柱旁两侧布置为机动车

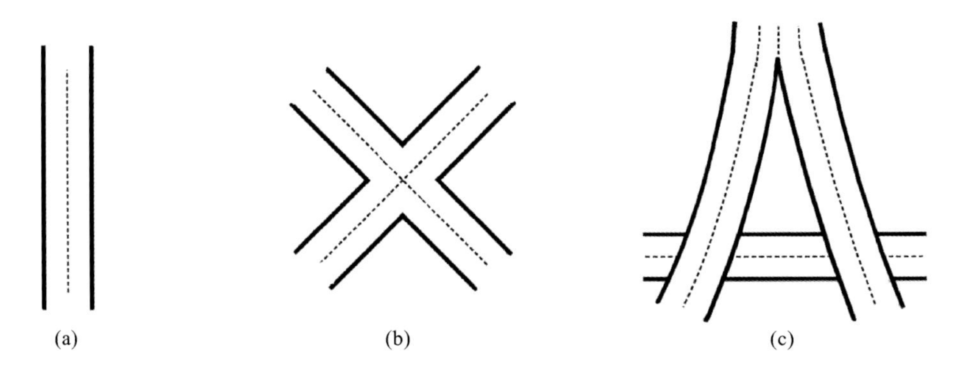

图 1-5　不同桥面形态的桥阴空间类型

(a)线状延伸型;(b)点状交会型;(c)网状汇集型

(图片来源:课题组绘)

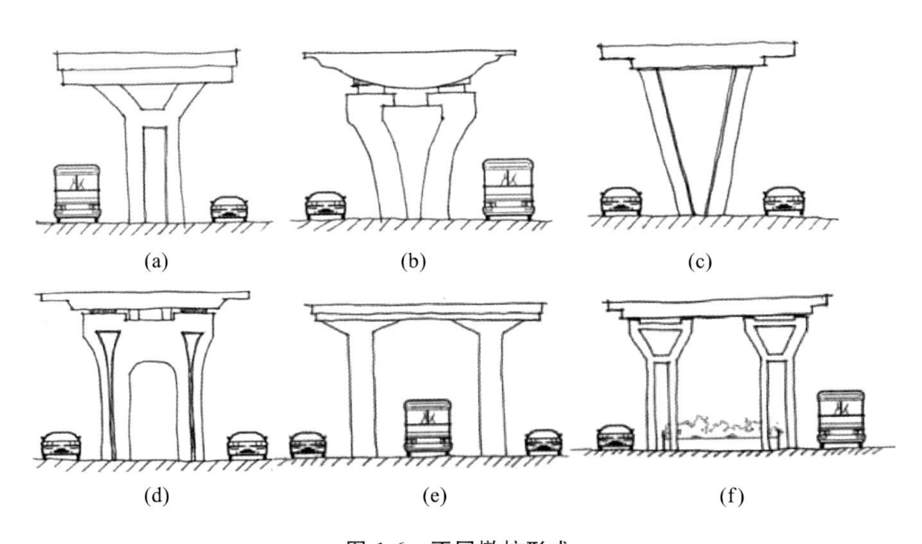

图 1-6　不同墩柱形式

(a)中央单柱式(Y 形);(b)中央单柱式(T 形);(c)中央单柱式(V 形);

(d)中央双柱式(H 形);(e)两侧单柱式(T 形);(f)两侧单柱式(Y 形)

(图片来源:改绘自许瑞等,2014)

道,中间位置多配以绿化带或停车场。中央双柱式墩柱的桥阴空间较中央单柱式墩柱稍宽,常见的桥阴空间使用方式较多,包括交通、休憩、停车场等。在交通利用方式中,该类墩柱中央虽有一定的宽度,但不够通车,因此

中央部分常作绿化分车带，两旁走车。两侧单柱式墩柱的桥阴空间宽度较大，常见的利用方式基本都可适用，包括休闲娱乐、体育运动等利用方式。

3. 桥面桥宽与净高比(B/H)

街道高宽比即道路横断面宽度与沿街建筑高度的比值，高架桥下空间的高宽比同样对空间使用产生影响，是决定高架桥桥阴空间尺度的重要元素。桥宽 B 等同于上部的桥板宽度，H 为桥板至地面的垂直距离。B/H 数值的变化，对道路使用者的心理感受有着较大的影响，关系着使用者对道路景观的视觉及心理感受。

根据《城市空间设计》一书中对街道高宽比的界定，可知相应的高架桥的高宽比与空间形态及使用者对其的心理感受(沈建武等，2006；夏祖华等，1992)。在现实中，城市建设对高架桥高度以及桥面宽度有限定，规定高架桥标准墩间的净空不得低于 5 m。

当 $B/H \leqslant 1$ 时，高架桥高度不小于桥阴空间的横截面宽度，整体空间偏竖向增长，空间压抑感降低、封闭感弱；当 $1<B/H<2$ 时，高架桥高度适中，桥下空间压抑感开始增强，整体空间呈半封闭状态；当 $B/H \geqslant 2$ 时，桥面宽度超过 10 m，车道数量为 4 车道以上，桥阴空间横向宽度优势明显，空间压抑感强(图 1-7)。

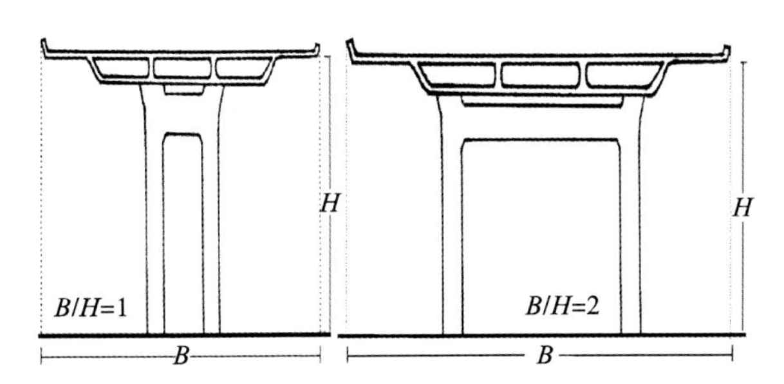

图 1-7　高架桥桥宽与净高比 B/H

(图片来源：课题组绘)

三、高架桥下空间纵断面特点

高架桥的梁底标高影响桥阴空间使用高度和使用形式，对于最低引桥端空间(通常低于人可作业的高度1.5 m),处理方式比较单一。

桥下纵向空间的长度、坡度、连续性及桥墩柱分布、承台标高对桥下空间利用产生影响,如桥下雨水收集等(图1-8)。同一高架桥各墩柱间距相等,每个单位空间连续且相同,有利于开展模式化的线性空间活动。

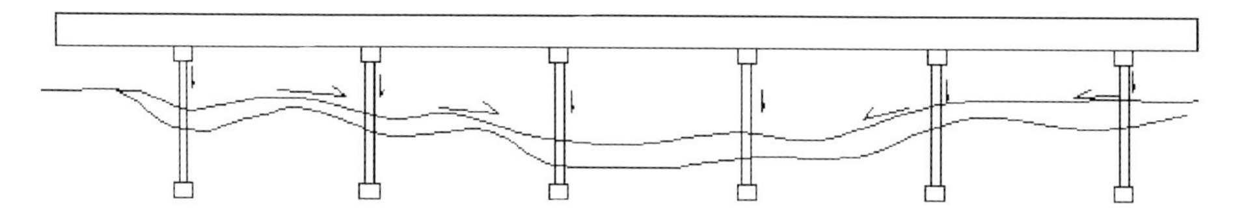

图1-8 桥下纵坡对空间及桥阴雨水收集有影响

(图片来源:课题组绘)

第四节 城市高架桥下空间特点

1. 形态半开敞

高架桥的组成构件决定了高架桥桥阴空间具有垂直方向有顶面覆盖、水平方向开敞的半开敞空间特征。由于呈半开敞的状态,桥阴空间四面视线通透,没有明显的物理边界,与周边环境发生的交流及渗透较为频繁,极易受周边环境影响。而桥阴空间的边界依附于人的空间意识产生,因此视不同情况,可通过巧妙的设计手法弱化人对桥阴覆盖面的空间意识,以此将桥阴空间与周边环境融为一体(图1-9)。

2. 空间连续性与模块化

桥阴空间在横向形式上呈现连续性特征,同时墩柱成为桥阴空间的分隔线,每个分隔模块空间比例尺度均衡,呈现模块化(图1-10)。因此可通过对不同模块的空间功能进行布置与设计,丰富桥阴空间的变化形式,打造具有节奏性的动态空间。

3. 空间环境的消极性

一方面桥阴空间的压抑感较强,同时由于光线射入受限,桥阴空间多处常年处于阴影区中,整体光照时长及强度偏低,不利于植物生存及生长。另一方面,桥上下机动车的尾气与噪声污染也限制了桥阴空间的有效利用。

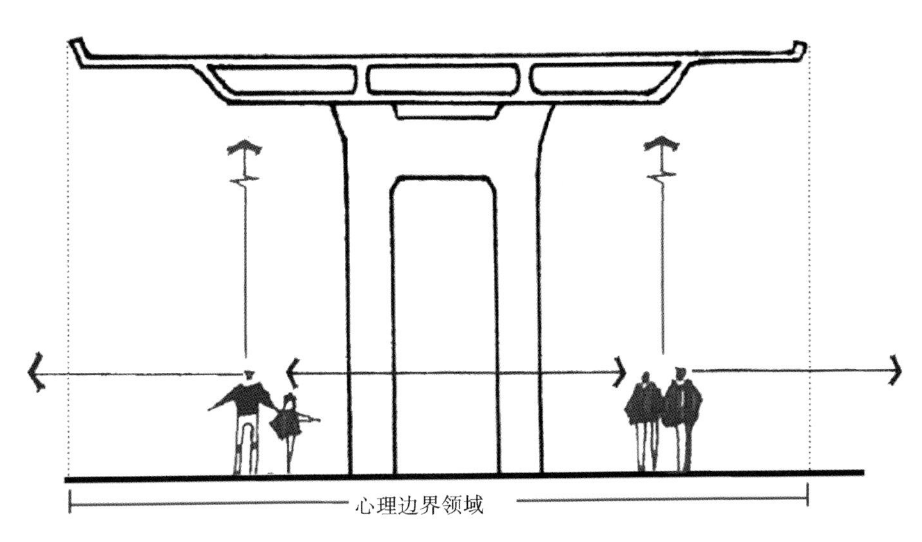

图 1-9　桥阴空间半开敞空间形态

（图片来源：课题组绘）

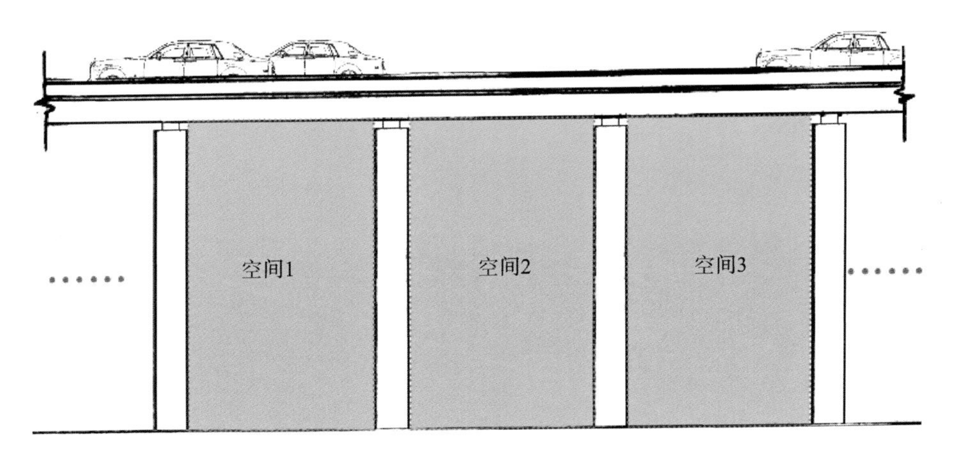

图 1-10　桥阴空间的连续性与模块化

（图片来源：课题组绘）

城市高架桥下空间的总体环境质量差。高架桥下日光受到持续遮挡，不利于多数植物的栽培。高架桥桥面由于机动车的持续通过，汽车尾气污染多于其他地区，使高架桥附属空间的空气污染严重，其沿线灰尘的 pH 平均值呈明显的碱性，并且重金属含量也很高，多出正常水平一倍（杨赉丽，

2006)。上海市某高架桥下的环境检测结果表明,重金属含量比正常水平高2～10倍,灰尘pH值也达到9.67,呈明显的碱性(张志轩,2014)。这使得植物在附属空间里的生长较为艰难,需要选择抗性强的桥阴植物,对绿化管理及养护的要求也较高。

4. 空间汇聚性

人流的集聚:由于用地紧张、公共绿地缺乏,老城区的居民显现出对日常公共活动空间的极大需求,而高架桥周边及其桥下空间为此提供了新的选择。

视线的聚焦:高架桥以宏大的气势矗立在城市中,具有很强的视线控制性和标识特征。恰当地利用这种视线聚焦的特性,可以为城市的识别系统提供新的参照坐标。由车流汇聚引起的噪声、空气污染和视觉干扰,严重影响了高架桥周边的环境品质。这些矛盾是当前高架桥附属空间设计要关注的焦点。

5. 空间公共性及多样性

高架桥多是由城市政府或其委托的实体单位来管理经营,大部分高架桥附属空间都是城市公共空间的一部分,可以为市民的活动提供场所。这些空间又多是开放空间,它与城市环境的有机结合使得空间易受到外部环境的影响,其空间内外视线的连通性,让人们对空间便捷性的要求更高。

高架桥空间在形式上没有明显的边界,人们可以较自由地进出空间。虽然桥面和桥墩对空间形成了一定程度的围合,但是边界并没有被实质性地限定,这种模糊边界的灰空间特性有利于公众桥阴活动的产生。

第二章　城市高架桥下空间利用方式

第一节　城市高架桥下空间利用相关理论

一、欧美国家相关理论

20 世纪 60 年代，西方经济快速发展，机动车保有量提升，率先面临人、车、地矛盾引起的街道荒漠化等问题，由此展开了对城市公共空间的利用以及街道空间设计的探究，形成了一套相对完整的理论体系，体系内容大致涉及城市规划和交通两个领域。

在城市规划领域，主流理论认为街道空间不应只作为交通空间存在，强调恢复传统街道及其他公共空间的人性化格局，有代表性的重要理论如下。1960 年，凯文·林奇在《城市意象》中给出“路线、边界、区域、节点、标志”五个城市空间营造要素，他认为城市主要道路的设计应有明显的特征，包括街道专门的用途及活动、特殊的空间形式、绿化、色彩等，同时还应保证道路的连续性，以此提高道路的可识别性（凯文·林奇，2001）。1961 年，简·雅各布斯在《美国大城市的死与生》中，针对美国的旧城更新现象探讨街道空间的安全性及生命力塑造策略，指出城市街道应至少具备两个以上的功能且互相关联，在满足使用者需求的同时吸引更多的人，街道的长宽比还应保持在一定的区间内，考虑人的视觉及心理感受（简·雅各布斯，2005）。1971 年，扬·盖尔在《交往与空间》中将人的活动划分为必要、自发、社会三类，强调了城市街道空间的物质环境质量对活动交往的密切程度有着决定性的影响，提倡户外空间设计应注重对人户外活动类型及感受的引导（扬·盖尔，2002）。

在交通领域，主流学者在城市规划领域以人为本的理论基础上，对如何解决交通安全性和街道活力的对立问题给予了更多关注。他们指出街道设计应最大化地满足各种交通方式的需求并提出了相应的设计指导策略。具代表性的有美国的“完整街道”政策理念以及20世纪60年代末迈克尔·索斯沃斯等提出的街道共享系统概念(迈克尔·索斯沃斯等,2006)。街道共享系统概念兼顾了街道空间的物质及社会属性,强调使用者、停泊和行驶车辆共享空间,将车辆速度降低,随后此概念在荷兰等欧洲国家中被广泛应用并纳入法律。而后斯蒂芬·马歇尔综合了街道的交通连接性、功能性及面貌特性等方面的内容,为街道分类并设定了功能角色,最终提出街道网络构成的新模式(斯蒂芬·马歇尔,2011)。

“完整街道”概念与街道共享的内涵相近,在1971年由美国提出并以政策的形式指导着地方区域街道、公路及桥梁的规划设计。一反传统街道以机动车作为设计支配因子的设计方法,“完整街道”综合考虑了各类出行者的需求,设计要素涵括了人行、减速、自行车、公共交通等四类设施,以此保障街道非机动车、步行、机动车等各类交通方式的通行权公平(McCann Barbara,2013)。截至2013年,美国已有30个地区立法机构相继采用了该政策,同时各地在该政策原有基础上发展,在促进社区经济发展、环境改善、道路安全水平提高等各方面均取得了较好的效果。如2009年美国塔科马市的完整街道建设,甚至兼顾了绿色雨水、绿道等内容。

二、日本的相关理论

相比西方发达国家在街道空间方面的研究,在亚洲国家中,日本对街道空间的理论研究较为深入,其在高架桥桥阴空间研究方面贡献突出,有较为详尽及系统的高架桥空间理论。这与日本土地资源紧缺、拥有大规模的高架桥建设等实际国情有着紧密的关系。芦原义信(1985)在《外部空间设计》一书中指出需要给予“逆空间”“消极空间”与“积极空间”相同程度的关注,并发展出了著名的“十分之一理论”及“外部空间模数理论”,对之后的消极空间(灰空间)的规划设计极具启发意义。之后,芦原义信(2006)撰写了《街道的美学》,通过对西欧国家及日本的室外公共空间环境进行比较研究,总结了东西方在空间观念、文化体系等方面的差异性,同时结合人的视觉感受

提出了道路构成原则及街道空间界面各比值的合理区间，为道路空间的设计提供了较为系统及细致的指导。

随后，日本土木学会(2003)召集了不同领域的专家共同调研并编写了《道路景观设计》一书，日本学者认为道路应承担串联多样的户外空间活动类型的功能，书中以道路的空间功能为关注焦点，试图以景观、生活等方面的设计来改善道路空间功能。针对高架桥，该书归纳了日本高架桥桥阴空间的利用方式，包括泊车场、城市公园、办公场所、工业厂房等。在自然条件、人口密度、高架桥的建设情况等方面，日本与我国现状较接近，因此其在高架桥及街道空间方面的相关理论体系对我国有着很大的借鉴意义。

三、我国的相关理论

由于我国的市场经济起步相对较晚，对街道空间的研究直到20世纪90年代才逐渐发展起来，数量明显较少。

论著方面，熊广忠(1990)在《城市道路美学——城市道路景观与环境设计》一书中以美学作为切入点，阐述了现代道路交通与美学契合的理论方法；赵晶夫的《城市道路规划与美学》对我国城市道路的主要特点进行了总结，并发展了城市道路规划的相关理论；吕正华等(2000)的《街道环境景观设计》则阐述了不同功能属性的设计方法，并系统性地提出了相应的评价体系；刘滨谊(2005)在《现代景观规划设计》一书中指出视觉景观形象、环境生态绿化、大众行为心理是决定街道景观设计思路的三个重要因素。毛子强等(2010)编写了《道路绿化景观设计》，将优秀的立交桥及道路绿化景观设计实践项目案例进行了罗列分析，这是国内高架桥绿化方面设计与实施的首部专著，也是本书编写思路的主要源泉之一。

关于高架桥空间利用的研究，杨玥(2015)、姚艾佳(2015)等人对国内外城市高架桥桥阴空间景观设计的优秀案例及理论方法进行了整理归纳，从人性化及可持续生态绿色网络构建的角度出发，针对不同的桥阴空间类型提出一系列设计优化策略。李文博(2015)、戴显荣等(2009)针对郑州市、长春市、重庆市、福州市、杭州市等城市的高架桥桥阴空间营造及景观利用进行了系列调研，同时针对不同类型的问题总结了景观改造经验。

第二节　桥下空间利用相关理论研究

一、城市开放空间理论

城市开放空间(urban open space)是城市景观的承载主体，是人的行为元素涉及的室外空间。城市道路景观空间是城市开放空间的重要组成部分，能够围合城市道路空间，对形成城市道路景观亚空间起到至关重要的作用(梁振强等，2005)。城市开放空间理论认为应同时规划道路与景观，还应优先考虑城市开放空间，设计适当的比例关系与空间尺度(汉斯·罗易德等，2007)。城市开放空间主要涉及的元素是人，应尽可能地设置让人可体验的城市开放空间。城市开放空间以人为主体的特性主要表现在以下三个方面。

(1) 改善城市的生态环境：城市开放空间除了要满足人的室外活动、锻炼等需求外，还要能够适应城市发展、城市避险、城市生态等的要求。

(2) 开放空间具有人性化的尺度：空间的服务是以人为主体的，所有空间的尺度应满足人体尺度的需要，创造宜人的尺度空间。

(3) 开放空间的场所精神：空间的场地环境特征决定着空间的特征，不同的地理位置、生态气候、地形地貌、区域文化等，都会影响城市开放空间的形成。

城市开放空间的设计应该结合场地的特征，能够体现场所需要表达的精神(苏伟忠，2002)。城市高架桥绿化景观空间是由人行道空间、机动车道空间、非机动车道空间、高架桥空间、周边建筑空间及市政设施空间等多个空间组成的。城市高架桥绿化景观空间是居民出行的载体，与周边的环境具有密不可分的关系，进行高架桥绿化景观设计时应考虑诸多因素的影响。

二、环境心理学理论

环境心理学主要研究环境与人的心理状态及活动行为之间的关系。环

境心理学以生态学、心理学、建筑学等为理论基础，归纳总结已经形成的经验成果，强调在进行空间环境设计的同时，能够考虑人们的心理需要。环境是在一系列的外部环境因素及人的心理因素共同影响下产生的，具有一定的空间序列及空间形态。外部环境因素的改变能够影响人们的行为，同时人们行为的改变也能够影响外部环境（黄建军，2007）。环境心理学主要从环境与人这两个要素之间的关系出发，研究环境要素与人的要素的共生关系（马铁丁，1996）。可利用环境心理学深化对环境的认识，以人们的心理需要为准则改善环境，从而创造出人性化的景观环境。道路绿化景观设计应该找寻出人们的心理需要，并以人们的心理需要为出发点设计环境空间。环境心理学理论应用主要表现在以下三个方面。

（1）安全性：场地设计应在安全的基础上进行，道路绿化景观的建设应保证人行道及车行道的视线安全，保证车辆不影响行人的安全。

（2）环境感知：人们在道路的空间环境中，能够从感官上感知环境景观，从而能够进行环境景观的评价。

（3）空间识别：人们感知道路的空间环境，能够得到环境的归属感。环境空间的设计能够让人们感受到空间环境的归属感，从而体现环境空间的人性化特征。

三、景观生态学理论

景观生态的概念是德国学者特罗尔于20世纪30年代提出的，将生态学研究垂直结构的纵向方法与地理学研究水平结构的横向方法结合起来，研究景观的结构、空间配置、功能、结局等元素之间的关系。景观生态学以地理学的景观理论和生物学的生态理论为基础，从整体的角度出发，研究景观生态系统功能的稳定性、景观动态改变的影响、景观的合理利用等（俞孔坚，1998）。景观生态学的景观要素包含基底、斑块、廊道等景观单元。基底是三种组成要素中面积最大、连通性最好的要素，对景观动态有着很大的影响。斑块是在外貌上与周围地区有所不同的一块非线性地标区域，具有可感知性、等级性、相对均质性、动态性以及尺度依赖性和生物依赖性等特点。廊道是与基底有所区别的线性元素，比如道路、河流、绿篱、绿地等都是廊道。廊道具有两方面的性质，一方面将景观的不同组成部分连接起来，另一方面将不同的景观分开。

道路景观也具有两方面的性质，一方面将不同的道路参与者分开，另一方面将不同的道路景观要素连接起来。城市的生态系统是由人工生态系统和自然生态系统组成的，城市道路景观是城市生态系统不可缺少的组成部分。城市高架桥绿化景观设计应该遵循景观生态学理论，选择适应生境的植物。在城市高架桥绿化景观设计的植物造景中，应按基底、斑块、廊道的不同功能进行植物的选择及配置，满足植物生长的环境需要。植物是有机的活体，植物与其生长的空间环境有着密不可分的关系，不同种类的植物有着不同的生长环境，不同的生长环境中生长着不同的植物。将高架桥绿化景观设计成生态廊道，以改善城市居民生活环境质量，建设生态文明城市，景观生态学理论发挥着重要的理论指导作用。

四、景观美学理论

景观美是人们生活的审美意识及优美的景观的组合，是自然景观与人文景观的融合。高架桥绿化景观的服务以人为主体，人们感知景观往往得到美的情感体验。美就是人们受到审美物体刺激时感官上产生的快乐、愉快的心理反应。景观要素的可感知性会随着速度的改变而改变，在高速运动状态下，小尺度的景观要素短暂地出现而不容易被感知。在速度提高的同时，景观要素的尺度也需要增大（王健，1992）。

景观美学的主要美学特征表现在以下几个方面。

(1) 美的传递性。美总是能够让人产生高兴、兴奋等心理反应，这些心理反应能够从一部分人传递给另外一部分人。

(2) 美的整体性。美从来都不是单独存在的，而是以具体的事物为载体，不能脱离具体的物体。美是从很多事物中凝练出来的，是依赖于一个特定的事物存在的。脱离了具体的事物，美就无从说起了。

(3) 美的社会性。美是由人类的智慧产生，于众多的事物中凝练出来的。人类的生活具有社会关系，人并不能够单独生活。人类感知的美往往都是无害的，是具体事物升华而形成的，具有社会意识性（梁隐泉等，2004）。

美都是借助不同的形式表现出来的,形式美具有变化、统一、整齐、参差、均衡、对比、和谐、成比例、尺度、有节奏、韵律等规律。形式美不是简单地堆砌,而是各个形态间的巧妙组合(冯荭,2007)。

高架桥绿化景观应满足人们的审美需要,在进行高架桥绿化景观设计时,应遵循景观美学理论,建设出优美适宜的道路绿化景观。

五、色彩学理论

在高架桥绿化景观设计过程中,景观的色彩是比较容易引人注意的,能够主导人们的心理感受。色彩的配置不同,会让人在心理上产生不同的情感,给人们的心理产生很大的影响,观察者的心态产生的相应波动,就是所谓的色彩情感,良好的色彩配置能够让人产生适宜的心理感受。将色彩的配置巧妙地运用到高架桥绿化景观设计中,能够起到事半功倍的作用。景观中的色彩分为背景和焦点两种,背景主要通过调和类似的颜色作为其他景观元素的背景,焦点主要通过植物本身所特有的颜色表现出引人注意的视觉色彩。色彩在一定的范围内强调景观的重要性(张杨,2000)。景观的色彩能够作用于人们的感官,让人产生平静、兴奋、愉快等心理反应(贾雪晴,2012)。色彩的感受主要有距离感、重量感、面积感、兴奋感、温度感、胀缩感等(李征,2004)。色彩的搭配没有固定的模式,却有一定的基本规律,表现在如下几点。

1. 色彩调和理论

(1) 冷色、暖色。在同一颜色之中,色彩的冷暖需要相互配合,才能使色彩显得柔和、有质感。同一个色相的色彩,尽管彩度或是明度有很大的差异,但统一色调的色彩相互调和会显得缓和、柔软,能让人产生舒适之感。在只有一个色相的时候,应该改变彩度和明度的搭配,同时利用植物自身的特点,才不会显得单调乏味。

(2) 近似色相调和。近似色相具有比较大的差异,但仍然有相当强的调和关系。近似色相在同一色调上易于调和,能够创造出和谐温暖的气氛,不会显得生硬。同时结合彩度、明度的差别运用,可以营造出多样的调和状态,产生和谐且起伏的景观配色。

(3) 中差色相调和。中差色相一般是不具有调和性的，比如蓝与绿、黄与红之间的关系为中差色相。中差色相近似于对比色，在植物景观造景时，应调节明度或者改变色相，可以掩盖色相的不调和性，如此才能产生较好的景观。

(4) 对比色相调和。对比色在园林景观中应用的频率比较高，其配色给人以洒脱、活泼、现代的感受。采用对比色的植物叶色或者花色搭配，可以产生比较强烈的景观视觉效果。进行对比色搭配时，应协调好面积大小与明度差的比例关系(高钦燕，2013)。

2. 色彩心理理论

色彩心理理论主要研究色彩对人们心理状态产生的影响。为了确定色彩心理理论对城市道路绿地景观设计的作用，需要对人们进行色彩心理感知方面的研究(姜楠，2009)。缤纷的色彩对人们产生心理暗示作用，同时给人们带来复杂的心理感受，在选择色彩时，要考虑到色彩对人们产生的心理效应影响(邓清华，2002)。色彩心理理论从色彩的冷暖感、轻重感、兴奋感、沉静感、进退感与运动感等方面阐述色彩对人们心理状态产生的影响。

3. 色彩地理理论

1960 年，法国色彩学家让・菲力普・朗科罗教授提出了色彩地理学概念，朗克洛教授认为：每一个国家、城市或者乡村都有自己特殊的色彩，能够推动国家和文化的建立(王婷，2013)。地理环境的不同会让不同地方具有不同的居住环境，因而不同地区的人具有不同的外貌、文化传统、生活习俗等(赵岩等，2001)。因此，在城市高架桥绿化景观设计时，应慎重地分析城市的色彩基调，遵循色彩地理学理论，设计出符合当地居民审美需要的景观，让当地的人们认可。

第三节　桥下空间环境总体特征

一、空间温湿度

晴天时，桥面温度明显高于桥阴温度，且日变化趋势基本一致(殷利华，

2016)。夏季高温季节时,高架桥桥面与桥阴温差较大,主要有两种原因:其一是桥面的遮盖对温度的影响,其二是桥阴植物降温增湿的生态效应发挥了较大作用。除此之外,高架桥桥阴地的气温易受周围环境的影响,当高架桥处于较为空旷的地区时,其温差较大;周围建筑物较为密集时,反射辐射热较强,气温差值较小。

在温度的影响下,高架桥桥阴地的湿度也随之变化,湿度会随着温度的增高而降低。夏季的湿度较冬季的湿度大,早晨的湿度较下午的湿度大。桥阴湿度的变化幅度较为平稳,高架桥桥阴地绿化带植物具有降温增湿的作用,使桥阴的湿度变化幅度比桥面平稳。

二、光环境特征

高架桥桥阴地的光照特性由高架桥的走向、地点以及测定时间等因素决定(王瑞,2014)。纬度、坡向、海拔、季节等因素都会影响光照强度(黄泰康等,1993)。高架桥桥板的遮挡使得桥阴绿化常年处于阴暗状态,植物生长情况与光照条件息息相关,与露天绿地中的植物相比,桥阴植物的生长受光照限制,明显处于劣势。

不同高架桥桥阴的日照规律有着较大的差异,同一桥阴绿化中两侧受照情况好于中间部分,两侧桥阴植物的长势也明显强于中间,若在高架桥的中间位置设置导光缝,则桥阴绿化的中间部分植物生长情况会有一定的改善。在不同高架桥桥阴植物生长情况对比中,南北走向高架桥植物长势呈现明显的对称形,而东西走向高架桥桥阴南侧的植物长势要好于北侧,净高较高、桥宽较窄的高架桥桥阴植物长势优于净高较低、桥宽较宽的高架桥桥阴植物。位于建筑密集的闹市中的高架桥,常常被近旁的建筑遮挡,桥阴植物生长情况较位于空旷城郊的高架桥差。这说明桥阴光照条件受高架桥的走向、桥体宽度与净高比(B/H)、导光缝设置、周边环境等方面影响较大,且存在一定规律(殷利华,2016)。

在季节上,夏季无论是晴天还是阴天,其光照都较冬季的光照强,这是由于太阳高度角在夏季的时候大,冬季时小(王瑞,2014)。除了高架桥的走向之外,桥体的材料、颜色以及墩柱的体量、结构对桥阴地采光也有一定的影响(曲仲湘等,1983)。桥体的反光涂料对桥阴地的光照环境有一定的改善作用。方形墩柱、多墩柱形成的阴影面积较圆墩柱大、单墩柱,对周围绿地有较大的遮盖影响。桥面较宽时,桥阴地中央的光照较弱,植物生长较差;桥体附近建筑物的高度、密集度较高时,将遮挡桥阴的部分光照。

三、风速

没有高架桥的街道峡谷的风场模式都属于滑行流模式(OKE T R,1988),当街道峡谷内存在高架桥时,高架桥附近风场被严重扰乱,靠近建筑物墙壁及路面等边界处的风场变化不显著(张传福等,2012)(图 2-1)。H/W(建筑物高度与街道峡谷宽度比)是影响内部流场的重要因素(张传福等,2012)(图 2-2)。H/W 为 0.5 时,原来的漩涡消失,高架桥上方偏左及下方偏右处各形成一个强度较小的漩涡中心;而当 H/W 分别为 1,2 时,相对于无高架桥街道峡谷,漩涡中心上移,并且在高架桥下方区域形成另外一个强度极小的漩涡。

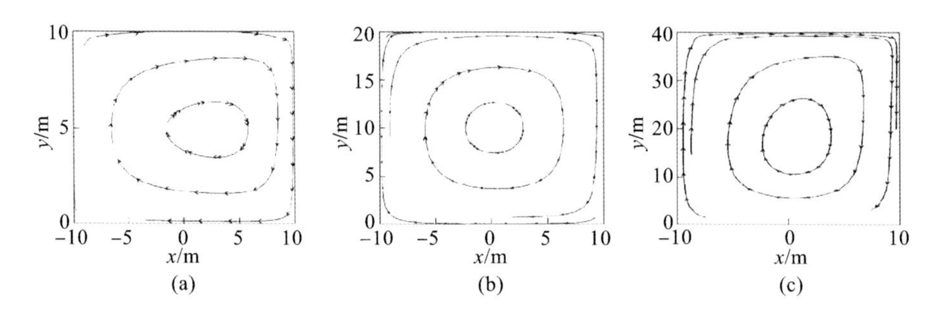

图 2-1　街道峡谷内无高架桥的风场流线

(a)H/W 为 0.5,无高架桥;(b)H/W 为 1,无高架桥;(c)H/W 为 2,无高架桥

(图片来源:张传福等,2012)

四、声环境

据研究,公路噪声主要由汽车排气、车辆齿轮和车体结构以及轮胎和地面的相互作用产生。相较于中高速行驶,汽车在低速(小于等于 30 km/h)行驶时噪声最大,当时速超过 50 km 时,轮胎与地面接触所产生的噪声最为明

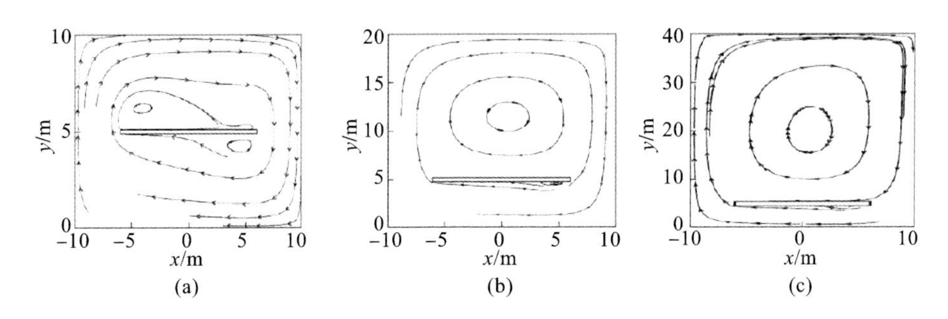

图 2-2 街道峡谷内有高架桥的风场流线

(a)H/W 为 0.5,有高架桥;(b)H/W 为 1,有高架桥;(c)H/W 为 2,有高架桥

(图片来源:张传福等,2012)

显,许多辆车的噪声组合在一起就形成交通噪声(洪宗辉,2002)。

声环境是园林景观中不可或缺的重要元素,在高架桥附属空间景观设计时遇到了严重的阻碍(罗杰·特兰西克,2008)。高架桥作为承载城市交通的重要元素,车行速度快、车流量大,伴随而来的就是噪声大,高架桥带来的噪声污染已经开始被关注,居住区周边的高架桥必须带有隔音防护设施,高架桥经过学校、医院等时都需要采取一定的隔音防护措施。如何利用这一被噪声干扰的桥下空间,为设计增加了难度。经过总结可以得出,在噪声环境下,人的情绪会变得狂躁不安,不利于人们思考或者休息,所以对高架桥下的空间休憩功能将依据周边噪声的大小而采取一定的取舍设计。有些噪声较大的区域将不建议做休憩型基础设施。高架桥下空间的舒适性因声环境的低劣而严重下降,因此在噪声持续时间长的区域甚至不建议人群长时间停留,因为噪声本身不仅影响环境,更会影响人们的听力与健康。声环境的恶劣阻碍了高架桥下空间的发展与潜力的挖掘,目前,城市中减弱噪声的方法对降低高架桥下空间的噪声基本不起作用(王长宇,2016)。

五、立地土壤

由于高架桥桥阴地的土壤多是在桥修建好之后将建筑垃圾加土回填的,有些桥阴地区虽然表层的土壤平整,但深层的土壤中常混杂有大量的砖块、石渣、水泥块等建筑废料,甚至混有较多金属、塑料等人工合成物,废料中钙的长时间释放使桥阴土壤 pH 值较高。有些高架桥桥阴地虽然在绿化之前进行了换土工作，但是土壤多是来自于工地挖来的地基土，这种土黏性大、透气性较差，易造成土壤板结，土壤有机质含量较少、肥力低下，达不到植物生长所需。资料显示，一般建筑回填土的 pH 值约为 8，土壤溶液中可溶性盐的含量约为 $4.2\ g \cdot kg^{-1}$，远超过植物适宜生长的可溶性盐浓度 0.05%，且盐碱化程度高；同时土壤内有机质含量为 1%～1.5%，远远小于植物生长要求的 2%～4%（中国土壤学会农业化学专业委员会，1983）。可见高架桥桥阴土壤贫瘠程度较高，对植物生长有一定的限制。另外，与露天绿地相比，桥阴绿地所接收到的降雨量较少，只能通过人工供给，但由于桥阴区保水性能差，水分流失较快，如果没有适时灌溉，桥阴土壤含水量相对较低，植物生长易出现障碍，逐渐萎蔫、干枯。

第四节　城市高架桥下空间利用主要类型及要求

目前，城市高架桥桥阴空间利用形式主要有交通、商贸销售、休闲游憩、体育运动、泊车、市政设施、绿化七种（表 2-1、图 2-3）。

表 2-1　七种高架桥桥阴空间利用类型

利用类型	使用程度	使用要求
交通	最多	对高度有一定要求，适用范围广
绿化	较多	多出现在城郊地区，无要求
泊车	较少	对高度有一定要求，适用范围广
休闲游憩	较少，代表城市：成都市、杭州市等	空间尺度较大，为市民或游客提供游憩场所，打造城市形象
市政设施	较少	设置便民设施以及灰色市政设施
商贸销售	极少，代表城市：北京市	桥阴空间高、宽尺度适宜，可建设商铺建筑
体育运动	极少，代表城市：杭州市、天津市	设置篮球场、羽毛球场等场地，为周边居民提供体育活动场所

(a)　(b)　(c)

(d)　(e)　(f)

(g)

图 2-3　城市高架桥桥阴空间利用形式

(a)交通类;(b)体育运动类;(c)休闲游憩类;(d)商贸销售类;

(e)泊车类;(f)市政设施类;(g)绿化类

(图片来源:https://image.baidu.com/search)

我国针对城市高架桥桥阴空间较少设立专门的部门或机构管辖。由于缺乏明确的产权主体划分,桥阴空间的开发、日常维护管理均较为混乱,加之休闲游憩类、体育运动类、泊车类、商贸销售类等利用方式牵涉产权利益的问题,具体实践起来又较为困难,因此在我国的开展情况并不理想。相对而言,交通类、绿化类这两种利用方式涉及的产权利益较为单纯、开展容易,目前在我国较普及,适用度较高。

依据本节对桥阴空间利用方式的梳理,我们发现桥阴绿化的兼容性很强,可与不同的利用类型相融合。同时绿色植物有着吸尘降噪、美化环境、改善色彩、隔离空间等功能，可以有效地缓解城市高架桥带来的尾气污染、城市景观破碎化等多方面的环境问题。

不同的桥下空间利用形式对桥下空间的景观影响很大。从下章开始，分别进入桥下常见的交通利用、绿化利用方式介绍，我国不多见，但非常值得结合周边环境，合理开发游赏休闲利用、商业利用、运动休闲利用、市政利用甚至新的居住方式利用等方式。结合国内外调研、案例分析，尝试将部分理论与实践建设结合，以期给我国今后的桥下空间积极利用以及对应的景观营建提供参考和借鉴。

第三章　城市高架桥下交通利用及景观

第一节　高架桥下动态交通利用及指示景观

在城市高架桥下留出市政道路，供机动车在桥下正常通行，是大多数城市高架桥下的一种利用方式。这属于城市机动车交通范畴，桥下空间用作公共空间的使用特性依然更多为交通属性。桥下交通利用同样存在道路平面交通的相关问题，需要注意桥下行人、车辆及慢行交通、静态交通等的安全。将桥下空间作为机动车道路利用，常可能产生一些城市问题。

一、桥下道路交通利用的问题

1. 缺乏安全性

由于行人和非机动车过街等待红灯时间长，行人和非机动车穿越车辆空隙过街的现象明显，人车冲突严重，通行能力降低，存在安全隐患。

2. 秩序混乱

可能有部分小商贩活跃于桥下道路空间，侵占了人行道及盲道，影响了行人的正常通行。停车较混乱，人流与车流交叉，影响行人的正常活动。

3. 交通管理控制不合理

桥下交叉路口信号配时不合理，在高峰时期，经常导致两次排队。交叉口出口引道上存在路边停车现象，影响车辆的正常通行，减少了绿灯时间内的通行车辆数，造成高峰时期机动车辆通行延误时间增加（王孟霞等，2015）。

4. 配套设施设置不合理

通常支路在主干道出入口的位置和高架桥出口的位置关系不恰当，公交站台的设置位置、高架桥出入口位置以及停车场的出入口数量和位置不合理等问题，使高架桥的分流作用降低，造成高架桥下主干道上直行车辆的增多和高架桥的使用低效浪费。

5. 慢行系统空间减少

机动车交通快速化的同时，慢行交通空间也逐步被挤压，自行车道甚至正在消失。

二、桥下道路交通标识

桥下作为机动车交通利用空间，在城市特色道路景观营建方面具备一定的特殊条件，同时考虑桥体的体量，以及墩柱、梁底板等构筑物因素，景观设计具备挑战性。桥下标识及景观系统设计以服从机动车安全、规范交通为主要宗旨，同样严格遵循市政交通安全系列标识设置规范，且由于桥体构筑物的存在，要尽量减少景观视线干扰（图 3-1）。在桥下分车带绿地中可以适当开展桥下绿地景观的设置。

图 3-1 桥下道路交通标识

（图片来源：https://image.baidu.com/search）

（1）指示性标识：包括高架桥的名称、周边路段名称、出入口与匝道位置、距离或方向等指示性标识。

（2）限制性标识：包括桥梁下通行车辆高度或重量等限制性标识。

（3）警示性标识：包括禁止通行车辆类型、禁止鸣笛及控制车辆通行速度等警示性标识。

三、桥下道路交通空间引导

桥下道路交通空间引导设施如图3-2所示。

（1）指示牌与交通灯：引导车辆出入桥下空间，车辆在桥下直行、转弯与掉头等的设施。

（2）路缘石、绿化种植池和栏杆：共同限制车辆在桥下的行驶范围。

（3）指引色彩：利用明亮颜色突出桥下车辆行驶空间的边界。

图3-2　桥下道路交通空间引导设施

（图片来源：https://image.baidu.com/search）

四、桥下道路交通景观建议

1. 桥下私人机动车交通建议

(1) 在城市中修建高架桥是避免道路车流交叉冲突、提高通行能力的有效方法,桥下空间的利用也应以机动车优先,符合建设高架桥以提升道路通行能力的初衷(谢旭斌,2009;孙全欣等,2011)。在不侵占行人、非机动车的通行权利和空间的前提下,结合道路交通流线特点,合理安排交通,充分利用高架桥下空间来提高道路通行能力。

(2) 当地面辅道车道数满足交通需求时,从交通景观效果、路段交通组织、道口交通组织、视距、对象眩光等方面考虑,应采取中央分车带绿化措施。当地面辅道车道数无法满足交通需求时,同时受用地、建筑等影响,道路没有条件拓宽,这种情况下,应结合交通需求,在不改变车行道宽度的情形下,利用桥墩间空间布置车道,提高道路通行能力(车丽彬等,2014)。

2. 桥下公交车交通建议

桥下公交车交通可利用两桥墩之间的空间设置路中式公交停靠站,将内侧车道作为公交专用道,以提高公交运营效率(王永清,2012)。

(1) 运营初期,客流量不大、公交发车频率不高时,为节省运营成本,可采用常规右开门车辆,在正常路段上,公交车沿右侧车道行驶。进站前,车辆利用两桥墩间空间折转至左侧车道行驶,停车上下客后,车辆继续返回右侧车道行驶(图 3-3(a))。这种运营模式只需在高架桥下修建公交车站,并适当改造行人过街设施,使其与路中公交站台衔接,方案成本低,较容易实施,但由于对向行驶的公交车之间存在冲突点,因此公交运营效率不高。

(2) 运营成熟期,客流量增加,公交发车频率增加后,为提高运营效率,建议采用左侧开门车辆,公交车均沿右侧车道行驶(图 3-3(b))。这种运营模式对公交车提出了较高要求,运营成本较高,且公交车无法在常规右侧站点停靠,车辆通行空间有限,适用于在公交专用道成网后运营。济南市 BRT 即采用此种模式(图 3-3)。

3. 桥下慢行交通建议

慢行交通包括步行和自行车交通。根据桥墩间的净宽条件及实际交通

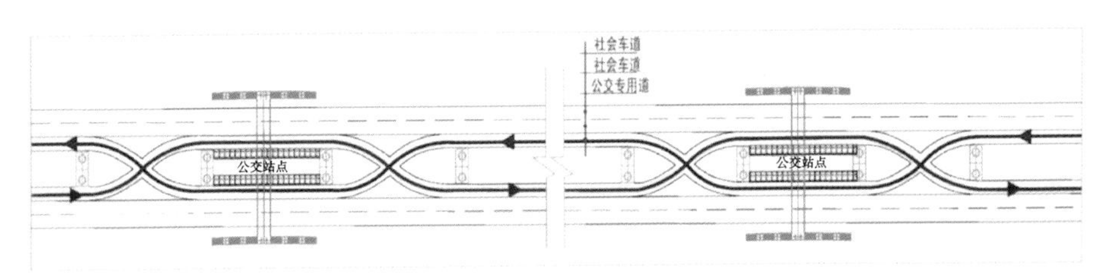

(a)客流培育期，为节省成本，公交车辆右开门，线路迂回行驶

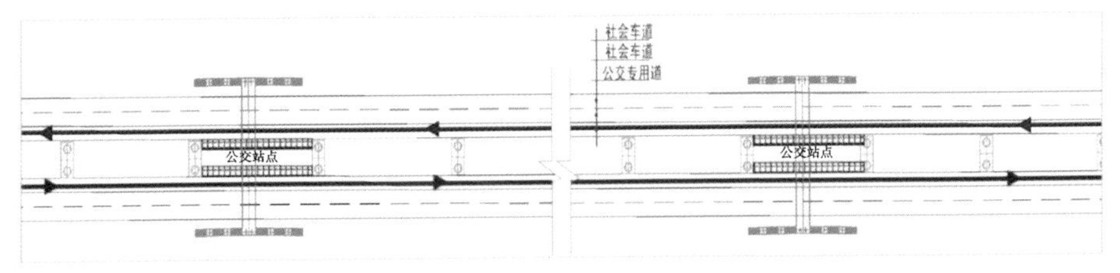

(b)运营成熟期，为提高效率，公交车辆左开门，线路直通行驶

图 3-3 高架桥下公交组织模式图

（图片来源：王永清，2012）

需求，慢行通道可以是步行道，也可以是自行车道，或者两者共用。高架桥下慢行交通可利用的空间与高架桥桥墩形式密切相关（图 3-4）。

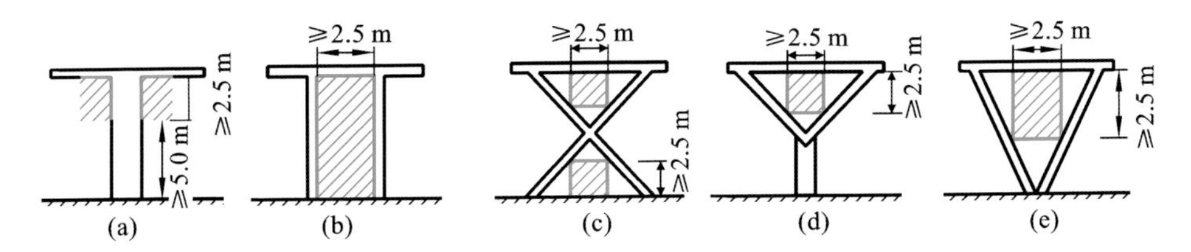

图 3-4 不同形式桥墩下慢行空间布置断面图

（a）单柱式；（b）双柱式；（c）X 式；（d）Y 式；（e）V 式

注：图中绿色阴影表示慢行交通可利用的空间

（图片来源：王永清，2012）

（1）当高架桥桥墩为单柱式且桥下净高不低于 7.5 m 时，可在不影响机动车通行的前提下，在桥面下方紧邻桥面和桥墩的位置，设置净高不低于 2.5 m的架空式慢行交通通行空间。

（2）当高架桥桥墩为双柱式且两桥墩之间净宽不低于 2.5 m 时，可在两桥墩之间设置慢行通行空间。这种情况下，由于桥下净高较为富余，应用时可根据需求设置两层甚至多层慢行系统。

(3) 当高架桥桥墩为 X 式且满足慢行通道净高和净宽需求时，桥墩上下两部分空间均可用于布设慢行交通。

(4) Y 式和 V 式桥墩的可利用空间主要集中在桥墩上部。

第二节　桥下静态交通利用及景观

一、桥下静态交通停车场利用的问题

利用高架桥下空间建设静态停车场，具备土地资源有效利用、建设周期短、成本低等优势，但同时存在一系列问题。

(1) 空间阻隔，影响交通。高架桥下的路面道路大多是按城市快车道设计的，如果在这些道路中间开辟出停车场，进进出出的车辆易影响到路面的交通安全，也容易造成交通堵塞。

(2) 管理效率低，停车无序。有些高架桥下停车场没有明确的管理单位，停车场收费、所有权等成为问题。有些高架桥下停车场没有标识标线，停车完全靠车主自律，存在乱停车的现象。有些车主还会把高架桥下停车场的出入口当成通道，或者把高架桥下停车场的出入口堵住，甚至逆向停车。

(3) 硬化面积增加，不利于城市生态化建设。

二、高架桥下公共停车场设置条件

利用高架桥下的空间设置停车场，是一种对城市空间资源的综合利用，提高了城市资源的利用率。但是，由于高架桥下空间所处的环境特殊，并不是所有的空间均可以用来设置停车场。利用高架桥下空间建设公共停车场，必须满足桥下净空较大、占地面积足够等要求。

一般来说，在高架桥下空间设置停车场需考虑以下几个条件。

(1) 高架桥下有足够的净空。高架桥下空间的高度不一，要利用桥下空

间设置停车场，必须首先具备满足车辆进出停车场的净空高度（不低于2.2 m），以确保小型车辆及行人能正常通行，且不对桥梁造成危害。在净高足够高的区域，可考虑设置双层至多层机械车位。

（2）桥下有适当的空间，可设置为停车场。高架桥下可设置为停车场的空间不能太小。若空间太小，则设置的停车场规模有限，不能达到应有的效果，应设置至少 20 个停车位。

（3）周边存在停车需求。若想将桥下空间设置为停车场，周边需存在一定的停车需求，否则该停车场的设置不能起到作用。

（4）停车场的设置不会对周边的交通运作产生较大的影响。桥下停车场所处环境有别于普通停车场，这种复杂的交通环境使得进出停车场的车辆与周围行驶的车辆交织问题突出，疏解不易。因此，应注意出入口不能设置在交通性主干道上，且出入口的位置应该与道路交叉口保持一定的距离，还应有供机动车进出的辅道，以保证停车场的设置不会对沿线交通产生较大的影响。辅道上的车辆拥有优先权，对于进出停车场的车辆可保证出入口在无横向车辆干扰的情况下，左进左出；在车流量较大的情况下，可沿路侧等待，寻隙进入。

三、桥下静态交通标识

位置指示标识是用明示性语言或者图形符号来帮助驾驶员确定目的地具体方位的标识。位置指示标识一方面用来指示停车场的位置以及停车场范围内不同功能空间的位置、属性、行动路线等，指引人们到达目的场所；另一方面指明了停车场中不同的功能分区所在，如停车区、服务区以及出入口等（图 3-5、图 3-6）。

导视系统设计如果注重特色和个性，将有利于加深印象以及生动形象地传递相关信息。如坎迪亚尼公园的导视牌（图 3-7），突出和分化了慢跑道和其他区域（例如休闲区、健身区以及运动区等）的区别。设计以可爱的标识展示了公园内外的健身小路的功效：根据男女划分出如果要消耗某种类型的食物产生的热量需要跑多少圈。这种设计鼓励人们使用健身公园内的器具，同时也让人们更注重自己的身体健康。这套作品以人的使用感为基

图 3-5 迪拜停车场位置指示标识

图 3-6 某商场地下停车场位置指示标识

图 3-7 坎迪亚尼公园的导视系统

础，真正做到为人服务，并使人们在使用过程中得到超出预期的满足感。

四、桥下停车场空间引导

1. 高架桥下出入口

高架桥下停车场的设置将会对邻近道路的动态交通产生一定的影响，合理设置出入口，不仅可以提升停车场的服务水平，还可以最大限度地减少由于设置停车场而产生的交通影响。参考相关技术规范，对停车场出入口的数量、宽度、位置等提出如下要求。

（1）出入口数量：少于 50 个停车位的停车场，设置 1 个出入口[①]；有

① 此处指双向出入口，若是单向出入口，数量翻倍。

50～500个停车位的停车场，应设置 2 个出入口；多于 500 个停车位的停车场，应设置 3 个出入口；建议在高架桥下的两侧辅道至少各设置 1 个出入口。

(2) 出入口的宽度：双向行驶时不应小于 7 m，单向行驶时不应小于 5 m。

(3) 出入口位置：出入口与城市人行过街天桥、地道、桥梁或隧道等引道口的距离应尽可能大于 50 m，距离快速路、主干道交叉口宜大于 80 m，与次干道或支路交叉口的距离可适当缩短，但尽量不小于 50 m，距离幼儿园、学校、公园等出口 20 m 范围内不得设立停车场出入口。

2. 交通组织(进出及场内)

高架桥下停车场的内外交通组织应与周边道路的交通组织充分结合，尽量减少两股车流的冲突，以减少进出停车场的车流对周边道路交通造成的影响。为减少进出车流对周边道路交通的影响，建议车辆通过高架桥下的两侧辅道进出桥下停车场，结合辅道的交通组织，出入口实行单进单出的交通组织。为减少停车场内部车辆的干扰和冲突，最大限度地提高停车场停车位的使用率，建议停车场内部尽量采用单行的交通组织方式。

五、桥下停车场景观建设建议

对高架桥下停车场的景观建设有如下几点建议。

(1) 加强法规建设，强化政策保障。对于这种建设模式，政府应立足于“法”，在行政管理上走严谨的法制管理道路，充分借鉴国内其他城市的相关经验、法规和规章制度，尽可能地将该开发模式提升到法律法规的层面，为高架桥下的停车场建设提供更强硬的保障。

(2) 优先建设试点，逐步展开推进。率先在一些停车供需问题较突出、实施难度较小、经济效益较高的点位建设试点工程，既能满足迫切的停车需求，也能起到示范作用，更好地指导其他点位建设的顺利实施，从而顺利推广高架桥下临时停车场的建设。

(3) 调节停车收费，促进产业发展。桥下公共停车场的类型介于室内停车场与露天停车场之间，作为一种新型的建设模式，对其收费标准可考虑采用折中的方式。加强政府的宏观调控，采用政府指导和市场调节相结合的模式，合理设定桥下停车场的收费标准。

(4) 建设绿化停车场,美化城市环境。在桥下设置停车场,可能会对城市的环境美观造成影响。因此,建议对停车场周边的环境进行改善,在周边设置绿化带,并将有条件的停车场设计成绿化停车场,美化城市环境。

(5) 完善配套设施,提升停车服务。为提升停车场的服务水平,需要完善停车场内部的配套设施。设置交通指示牌,引导车辆出入停车场;安装监控摄像头等电子设备,有效保障停车场安全。同时,加强日常消防安全管理,定期检查消防设施,避免火灾等消防安全隐患。

(6) 限制车型停放,保障交通安全。由于地理条件特殊,高架桥下停车场是按小汽车的标准进行设计的。在管理中,也应严格按照规范要求进行操作,为保障高架桥和停车场内的交通安全,应严令禁止大货车、小货车、大巴车及中巴车等车型停放,规划的停车场只用作停放小汽车。

(7) 优化交通组织,合理设置出入口。停车场的交通组织应与周边道路的交通组织相结合,尽量减少两股车流的冲突,以减少相互影响。桥下停车场的车辆进出建议结合高架桥下两侧辅道组织,采取单进单出的单向交通组织或左进左出的双向交通组织。高架桥下公共停车场出入口设置应当结合现场情况和技术规范要求,符合行车视距要求,安全视角不小于120°,与城市道路相交的角度应为75°~90°。出入口数量按照停车规模确定,一般条件允许的情况下,建议在两侧辅道各设置1个出入口(莫伟丽等,2017)。

(8) 提升智能化管理水平。在科学技术高速发展的今天,在公共停车场引入智能化管理手段已成为共识。当前,智能化停车收费系统一般包括车牌识别系统、自助缴费系统、车辆引导系统等。智能化停车收费系统的应用,可有效提高高架桥下公共停车场的管理水平。

①车牌识别系统:一般通过安装在公共停车场出入口的高清摄像头实现识别功能,车辆驶入停车场时,高清摄像头自动识别并记录车牌,抬杆放行,减少取卡等候时间。

②自助缴费系统:通过自助缴费终端、支付宝、微信支付等第三方在线支付手段,车辆驶离前提前完成停车付费,减少停车付费等候时间。

③车辆引导系统:该系统分场内引导系统和场外诱导系统,通过电子屏、手机APP软件等途径,发布停车忙闲状态,引导车辆停放。

第三节 案例赏析

一、杭州市桥下停车场

(一)杭州市桥下停车场建设状况

以杭州市为例,根据杭州市城管委停车监管中心的统计,截至2015年6月,杭州主城区已正式对外开放的由杭州市政府与各区政府共同投资建设的公共停车场共有23个,分布在杭州的各个城区,每个公共停车场的停车位数量从数十到数百不等,一共4277个车位(莫伟丽等,2017),其中结合高架桥下空间设置的停车场有16个(表3-1),共提供车位2498个,占总公共停车场停车位供应量的58.4%,足见闲置的城市高架桥下空间,可以为城市停车位的增加提供较多的潜在空间。

表3-1 杭州市主城区已正式对外开放的政府投资建设的高架桥下公共停车场名单

序号	城区	场库名称	地址	停车位数/个	备注
1	上城区	望江立交桥东桥下停车场	望江立交桥东桥下	64	收费,2011年11月建成,共52个机械停车位
2		望江立交桥西桥下停车场	望江立交桥西桥下	34	
3		秋海路飞云江路立交桥下停车场	秋海路飞云江路立交桥下	155	收费,2011年建成,其中机械停车位有134个
4		万松岭中河高架匝道下停车场	万松岭中河高架匝道下	180	收费,2012年建成,机械车位数有153个,邻近小区
5		江城路复兴立交桥下空间停车场	江城路复兴立交桥下	128	收费

续表

序号	城区	场库名称	地址	停车位数/个	备注
6	下城区	杭州市石石立交桥下停车场(西南角)	石拆路与石神路交叉口	198	收费
7		杭州市石石立交桥下停车场(东北角)	石拆路与石神路交叉口	380	收费
8		文晖大桥西桥底停车场	绍兴路文晖大桥下	50	收费,供周边小区居民就近停车
9		德胜路长城机电高架桥下停车场	德胜路万城机电市场对面	107	收费,2012年初建成
10	江干区	石德立交桥下地面停车场(东南角)	石德立交桥下	372	收费,兼顾农都市场和小区停车,在原绿化地中建设花园式停车场
11		艮秋立交桥下停车场	艮秋立交桥下	171	收费,2012年4月运行,立体车库和地面停车综合建设,主要服务于汽车东站,还有小商品市场
12		石德立交桥下西北角公共停车场	石德立交桥下西北角	249	收费
13		石德立交桥下东北角公共停车场	石德立交桥下东北角	247	收费

续表

序号	城区	场库名称	地址	停车位数/个	备注
14	拱墅区	和睦立交桥下公共停车场	和睦立交桥下	47	收费，2012年建成，主要供华丰宿舍周边居民停车
15		轻纺桥下停车场	轻纺桥下	84	收费，主要供周边居民停车
16		湖州街西唐河桥下停车场	湖州街西唐河桥下	32	免费，2012年建成，设有残疾人车位
合计				2498	

注：本表由课题组根据杭州市政府网站公布的信息综合整理。

（二）杭州市复兴立交桥

1. 建设背景及工程概况

杭州市复兴立交桥是杭州市上城区重要的交通枢纽，位于整个城市中心南部，是四条主要交通干道的交会点，即复兴路、中河高架、秋涛路以及江城路的交会点。杭州市政府着力于解决城市交通问题，减轻城区交通压力，计划将该城市立交桥作为交通枢纽的同时，也能将其打造成为市区的地标性建筑。为此，杭州市政府、城乡建设委员会以及建设单位对复兴立交桥设计方案相当重视，并邀请了5家设计单位对方案进行投标，最终确定杭州市城建设计研究院的三层定向同心结型互通立交桥方案为中标方案(图3-8)。此立交桥具有平面布置紧凑的特色，结合实际的用地情况，将左转匝道布置在拆迁相对容易的东北角象限内，减少了对铁路用地的影响。整个立交桥用地较少、拆迁量小，有利于提高建设速度。立交桥的交通组织合理，无交织点，所有转向匝道均为单向行驶，便于交通管理。

杭州市复兴立交桥为三层互通式大型立交桥，桥梁部分包括A、B、C三条主线和D、E、F、G、H、I、J七条匝道，其中A主线为钱江四桥(复兴大桥)至中河高架线路，B、C主线连接复兴路和秋涛路，将各主线相互连通。由北向钱江四桥先是双向六车道，路宽24 m，后转为双向四车道，路宽19 m，而

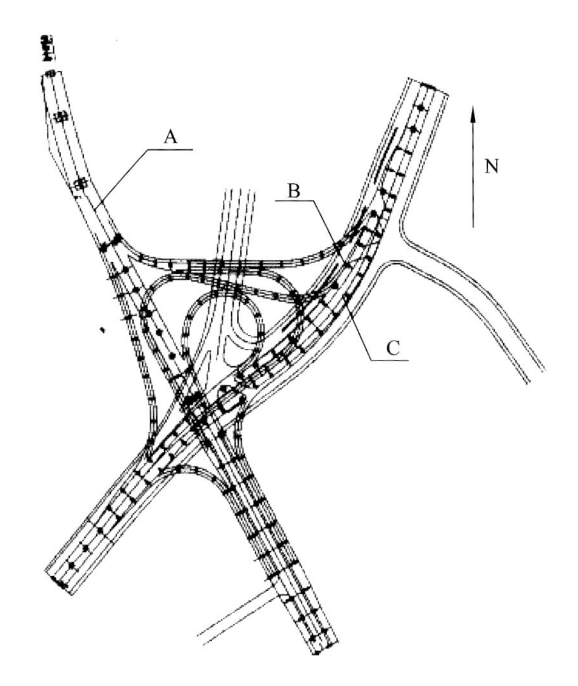

图 3-8　复兴立交桥平面图

（图片来源：课题组绘）

后主桥两侧各有一匝道汇入变成双向六车道，在钱江四桥引桥段转为双向八车道，路宽 39 m。第二层复兴路—秋涛路主桥段由西向东为双向四车道，路宽 20 m，由于两侧出现匝道，转为一小段双向六车道，路宽 25 m，继而转为单向双车道，路宽 9 m，最后两侧高架环路汇合形成双向六车道，路宽 25 m。具体位置见图 3-9。

复兴立交桥连接着钱江四桥和中河高架，周边大多为商务办公写字楼以及创意园区，同时也分布着几片居民住宅楼区，公共绿地区主要集中在立交桥下以及商务区的附属绿地。因此，位于秋涛路的桥下停车场空间多服务于周边商务写字楼的工作人员。其周边用地情况见图 3-10、图 3-11。桥梁下桥墩形式采用双柱墩和独柱墩两种，双柱墩顶上设一盖梁，立柱截面有正方形和圆形两种形式。主桥与匝道桥桥墩形式不同。

2. 桥下空间利用类型

由于复兴立交桥是互通式立交桥，由多个高架桥交会形成交通枢纽，桥

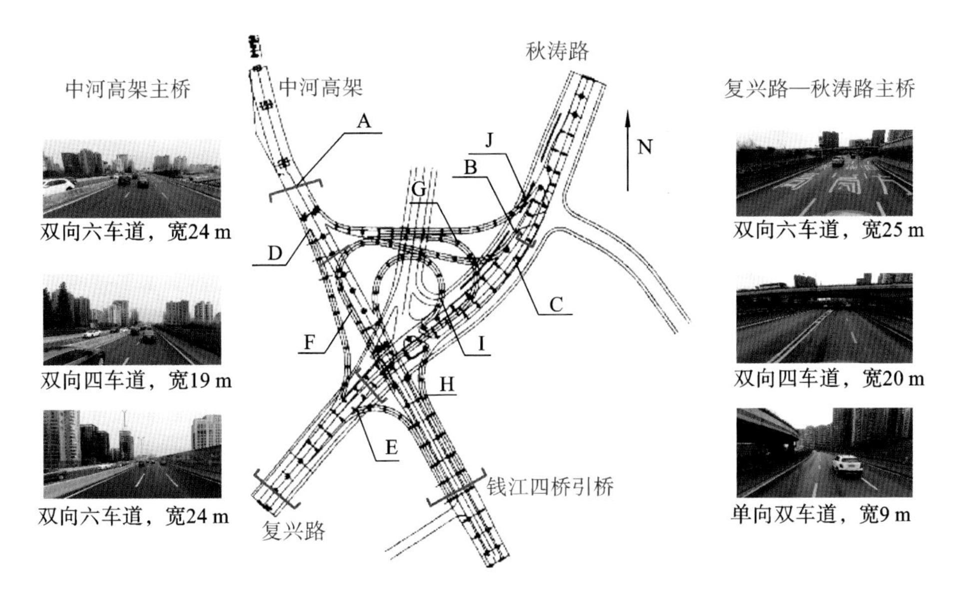

图 3-9　复兴立交桥道路形式

（图片来源：课题组绘）

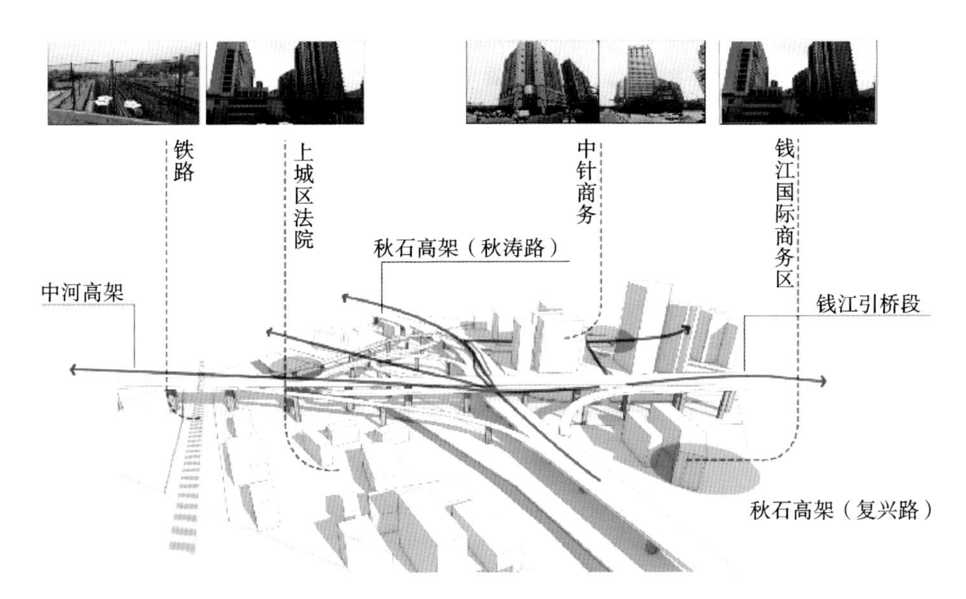

图 3-10　复兴立交桥周边用地实景照片

（图片来源：课题组绘）

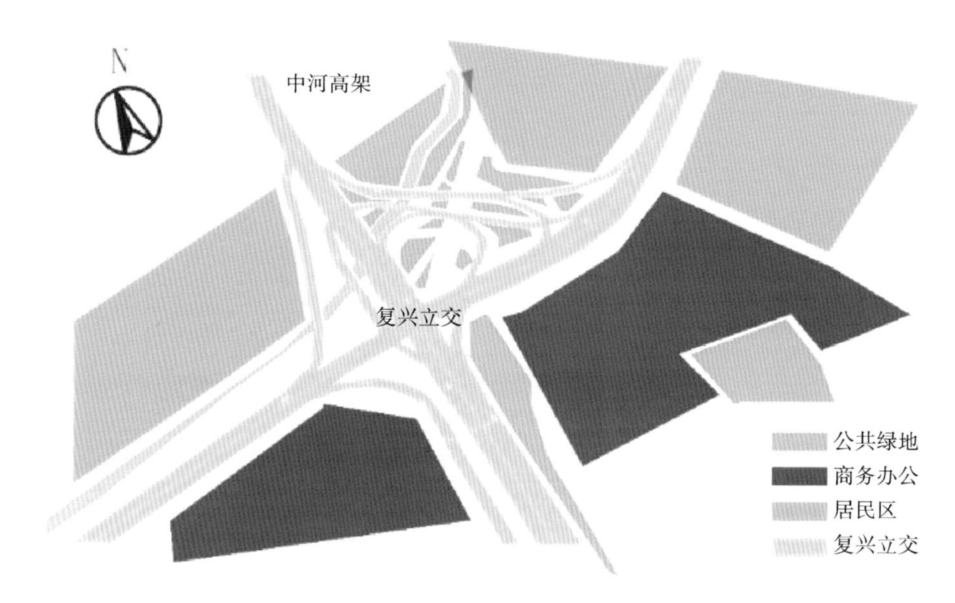

图 3-11　复兴立交桥周边用地情况

（图片来源：课题组绘）

下空间自然而然被分割成几块，因此桥下空间利用形式多样。经过实地调研发现，主要有立体停车场和公共绿地这两种利用形式。立体停车场位于复兴立交桥飞云江路口南、北两侧下部空间，南星工商所前以及钱江四桥引桥段 4 个位置。具体位置见图 3-12。飞云江路口南、北侧总停车位数为 156 个，其中机械停车位有 134 个，地面停车位有 22 个。立体停车场为银灰色大型钢架立体车库，十分显眼，立体车库均为上下两层，每层高 2 m 左右，长约 6 m，宽约 2.5 m。实景图见图 3-13、图 3-14。

公共绿地分布比较分散，因有多条道路，从而被分割成一块块绿化岛，其中面积最大、最完整的是南星古泉公共绿地，其区位东至秋涛路、南至复兴路、西至南星桥货运站、北至凤山路，绿化面积为 6.2 万平方米，由沿河绿地、桥阴绿地和三角形街头绿地三部分组成。因桥体有上、中、下三层结构，因此绿地空间较为复杂。本次调研主要研究三部分中的桥阴绿地，其大多位于立交桥环道以及匝道桥下。钱江四桥引桥下，中央为快速道路，两侧则是面积较大的广场绿地，绿地内部可供行人休息。还有两处桥阴绿地都位

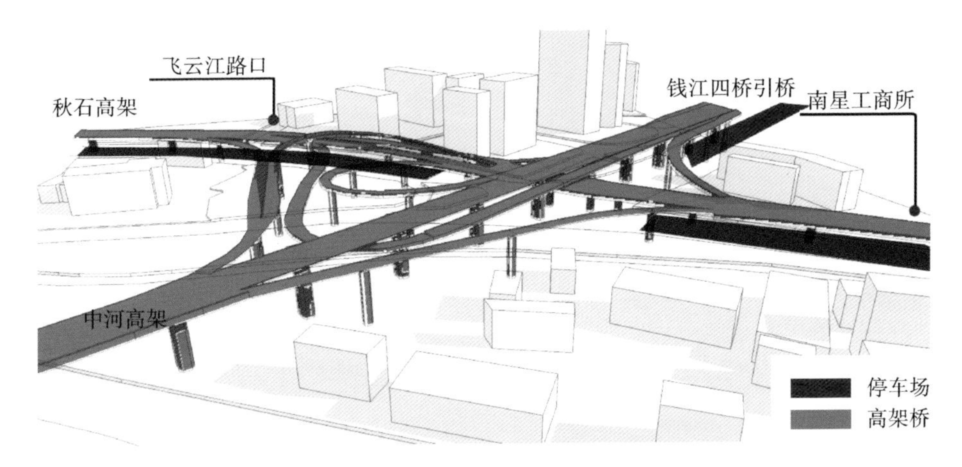

图 3-12　复兴立交桥下停车场位置

（图片来源：课题组绘）

图 3-13　复兴立交桥下立体停车场（飞云江路南侧）

（图片来源：课题组拍摄）

于中河高架与秋石高架交会点正下方，采光情况最不理想，经过的车流最复杂，灰尘、噪声产生量也最多。绿地具体位置及对应实景见图 3-15。

3．桥下空间景观构成分析

先分析桥下停车场空间。由于四处停车场构成要素相似，因此课题组

图 3-14 复兴立交桥下停车场内部实景

（图片来源：课题组拍摄）

选择景观效果最优的钱江四桥引桥下立体停车场作为分析对象。空间一般由顶界面、侧界面、底界面构成，停车场空间顶界面多数是高架桥桥底面。复兴立交桥东段桥下立体停车场顶界面主体由桥底灰色钢筋混凝土构成，但由于中河高架桥下方还有两条匝道，匝道桥围栏边栽植有绿色藤本植物，因此停车场竖向空间被桥体分割。停车位上方是低矮的匝道桥底面，给人压抑感和紧迫感，而停车场中间过道上空是中河高架桥底，由于中河高架桥净空高并且有匝道桥内侧绿色植物点缀，采光较充足且压迫感骤减。侧界面主要由中高乔灌木以及高架桥桥墩构成，有些停车场还存在护栏等景观元素。复兴立交桥下东段停车场空间外围由散生竹包围，竹枝之间留有一定缝隙，形成半虚半实的景观空间效果，视线部分通透，使人能够看清停车场内部情况，而空间感受介于开敞与封闭之间，其功能上起到分隔界定空间以及美化空间的作用，遮挡停车场内部的同时又不封闭空间。停车场底界面并无特色，主要由灰色柏油路面构成，在出口以及拐角处路面会有方向指示标识线。详见停车场空间剖面示意图（图 3-16）及实景图（图 3-17）。

桥下公共绿地则以植物造景为主，考虑到桥下绿地受光照不足的限制，设计时特别考虑到植物的适应性。复兴立交桥环道下的绿地营造效果最

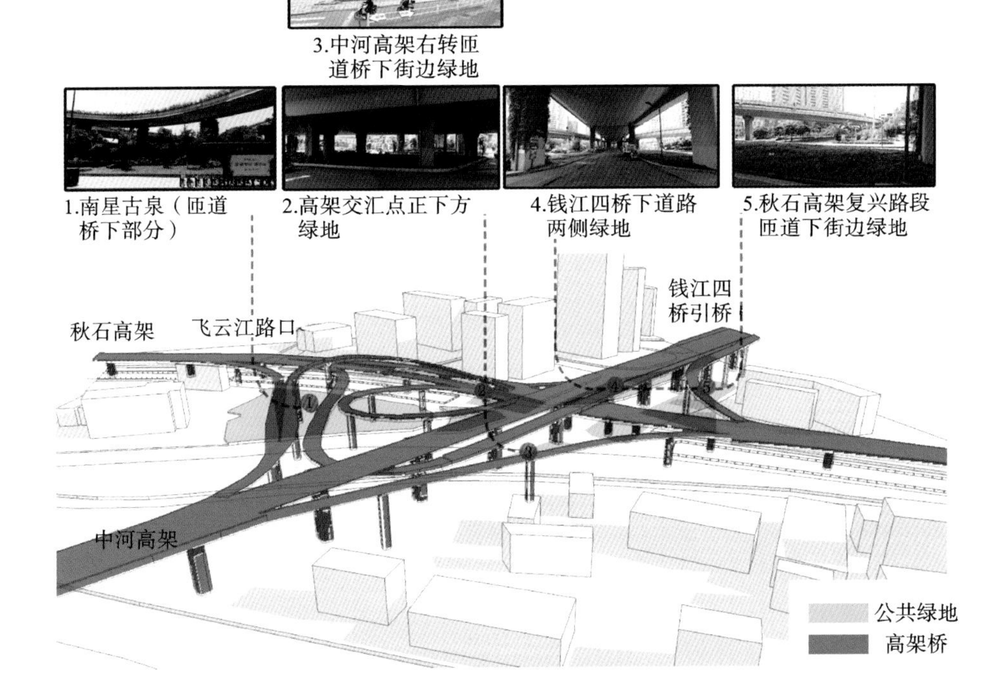

图 3-15　复兴立交桥下绿地位置及实景

（图片来源：课题组绘）

优，其以常绿耐阴植物八角金盘、洒金珊瑚、海桐、扶芳藤及宿根的鸢尾、金边玉簪等为主，形成流线型的色带，色带间以具有韵律变化的象征音符的弧形、圆形色块作为点缀，给人一种韵律节奏变化的动态美，与整个桥体景观遥相呼应。

在桥墩林立的绿地中，以大卵石与棕榈科植物组成简洁的树景。利用树径为 20～30 cm、高 15～20 m 的水杉营造出一片树林，底层耐阴地被满铺，形成绿地间的视觉通透感，减少进入桥下的压抑感。桥墩则由凌霄花及爬山虎包裹，遮挡住裸露在外的灰色混凝土墙面，营造出一种空气新鲜、植物葱郁、气候凉爽的生态环境。类似的还有几处匝道桥下的三角街边绿地，植物配植以群植与散点种植组合，注重植物新品种的运用，并首次在杭州市

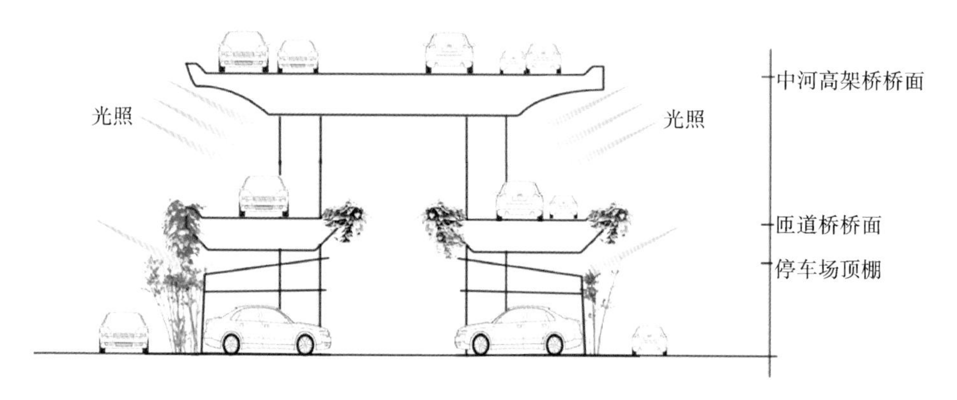

图 3-16　复兴立交桥停车场空间剖面示意图

（图片来源：课题组绘）

图 3-17　复兴立交桥停车场外部实景与外围绿化

（图片来源：课题组拍摄）

引进棕榈科植物加拿利海枣。高低错落的植物群落、自然起伏的微地形变化、流畅的植物色带及景意相融的园林小品，衬托与点缀出了桥体的整体景观，详见实景图(图 3-18)。

4．桥下空间利用效果评价

由上文分析可以看出，复兴立交桥的下部空间得到了相应的开发利用，

图 3-18 复兴立交桥匝道桥下绿地与桥墩绿化效果

（图片来源：课题组拍摄）

主要用作立体停车场，以解决城区停车难、车位少的问题，以及以公共绿地来提升桥体及桥下景观体验。虽然空间得到利用，但利用情况如何还得经过实践检验。立体停车场除东段车位利用情况以及景观营造效果较为理想外，其余几个位于南北向秋石高架下的立体停车场利用及景观效果不佳，很多地面层车位都没有停满。在笔者停留的时间段内，停车场内并没有车辆进入，也没有人群活动。桥下停车场由于其位置的特殊性，内部环境昏暗且干热，压抑感很强，加之南北向三个停车场外围几乎没有绿化，来往车流产生的尾气、灰尘与噪声短时间内就带给人不舒服的体验。而东段桥下停车场由于地理位置优势，位于钱江四桥引桥段，桥下两侧道路用于回车掉头，车流量少，安全性增加，加上高架桥的净空大、采光好，空间外围绿化景观效果佳，内部交通流线组织更合理，桥下整体空间利用效果优良。

复兴立交桥桥下绿化景观效果整体则较为理想，空间利用形式多样化，其较好地挖掘了人文资源，充分利用了“南星古泉”这一自然资源和中河人文资源。尤其在环道下整体性较强、面积最大的绿地中，借鉴运用了中国造园中借景的理念，整片绿地设计还运用到自然山石、树木及小品等园林元素，赋予景观文化内涵，烘托出整个园林绿地景观的意境，趣味性及人群可达性强。但不足的是，采光条件最差的高架桥主桥正下方的绿地植物种类匮乏，景观层次明显减少，养护效果也不理想。停车场附近的桥墩基本处于裸露状态，立面效果不佳。

立体停车场充分利用了桥下空间，使得桥下上层空间也得到利用，但在营造桥下停车场景观效果时，运用到的景观元素很少，有些停车场几乎没有绿化，立体停车场的钢筋铁架暴露无遮挡。公共绿地空间利用效果良好，绿地层次丰富，与桥体相互呼应，并且绿地内植物品种多样。因此，在做桥下停车场时，注重功能扩大化的同时还需要关注形式上的美感体现，可以考虑各个界面上景观构成要素的运用，利用植物、小品等美化空间，优化人群体验。

二、重庆市嘉华大桥南桥头车库

重庆市嘉华大桥南桥头车库（也叫直港大道立体停车楼）是国内首个高架桥立体停车楼项目，也是国内首个采用全智能停车管理系统的桥下大型立体车库（科拓股份，2017）。该车库位于重庆市九龙坡区直港大道北侧主线桥下方，是由重庆市政府投资，利用高架桥下闲余空间而设计的公共立体停车楼，长约 225 m、宽约 70 m、建筑高度约 22 m，总建筑面积约 3.78 万平方米，设计了停车位 1018 个，其中室内有 1008 个，室外有 10 个，可以有效缓解直港大道、杨家坪商圈等地的停车难问题和减轻直港大道片区的停车压力。车库于 2016 年底完工，是重庆市首次尝试在桥下建立整体框架式大型车库，也是全国最大、重庆市第一个市政桥下空间利用项目（图 3-19）。

该停车库结合高架桥下空间进行停车，主要特征表现为以下几个方面。

1. 桥上和停车楼互不影响

车库采用“P＋L”（停车＋道路）模式，大型停车楼与高架桥连为一体，建设规模之大在全国尚属首例。这种新的建设模式综合性较强，同时设计、同时施工，一体建成，因此，在施工及质量控制方面，比一般的市政桥梁或建筑物难得多。停车楼共有 4 层，外观设计简洁大方，每层楼都是通过道路相连，车辆可以直接开到车库，还有电梯或梯道供车主出入。从侧面看，该停车楼是一座大型楼宇，车库顶部就是高架桥道路（图 3-20、图 3-21）。

2. 智能停车管理系统

为营造便捷、舒适的停车环境，车库于 2016 年底启动车库停车管理系统工程，引入全视频智慧停车场综合解决方案，配备全智能停车管理系统——

图 3-19 国内首个高架桥立体全视频智慧停车库

（图片来源：中国安防展览网，http://www.afzhan.com/news/detail/53386.html）

图 3-20 车库顶部道路

（图片来源：http://jz.sdbi.edu.cn/info/1012/5725.htm）

图 3-21　车库侧面景观

(图片来源:新浪网,http://cq.sina.com.cn/city/zsyz/2014-07-11/61474.html)

出入口 3 进 3 出,均采用免取卡收费系统,实现车辆车牌识别和免取卡进出。场内 4 层共 1008 个车位,全部安装智能视频寻车系统(即停车场找车机系统),实现车位引导和反向寻车等多种功能,以实现车库的高效智能化管理(图 3-22)。自车库试运营以来,直港大道停车难及杨家坪商圈附近的交通拥堵都因此得到了一定程度的缓解。与此同时,全智能停车管理系统所带来的方便、快捷、智能化的停车服务,也为广大市民停车带来了巨大便利。

图 3-22　车库内部

(图片来源:搜狐网,http://www.sohu.com/a/124652967_354905;
中国安防展览网,http://www.afzhan.com/news/detail/53386.html)

三、沈阳市南北快速干道北段高架桥下停车场利用

2016年9月26日，沈阳市南北快速干道北段高架桥竣工通车，启用桥下空间作为自动停车场，这是沈阳市首个设在高架桥下的高科技、现代化、机械化、水平循环式立体自动掉头停车场。另外，桥下慢行交通系统、公交港湾、交叉口渠化、桥下空间利用、海绵城市建设、绿化等都颇有特色①。

1. 智能停车

为了缓解惠工街、联合路路口附近的停车压力，停车场将建设在联合路以北至沈阳市第九十中学路段的高架桥下部空间，占用四个桥孔，总长约120 m，高4层，共提供128个停车位，采用钢架结构。高架桥下部空间有限，为了方便市民停车，采用高智能停车系统，市民只需要将车沿着停车场一侧护栏开到地面一层一个类似“电梯间”的位置后下车，随后车辆就会由机械带动实现掉头，并自动升降停入场内的空位上，既方便又省事(图3-23)。取车时，只需要在“电梯间”处简单操作，车辆即可自动移动到车主的面前。

2. 人性关怀

考虑北方的自然条件并综合了各方面因素，在桥下分隔带处设置了厕所及环卫工人休息室，为行人及环卫工人提供方便(图3-24)。

3. “海绵”藏水浇花草

结合海绵城市的理念，沈阳市在南北快速干道高架桥下铺“海绵”，将桥上积水过滤后用于洗车、浇花。该项目首次建设“流水槽”式海绵设施，即桥下设雨水收集和渗透设施(图3-25)，雨天将桥上积水藏至地下，晴天将水抽出来洗车、喷灌花卉。桥下的蓄水池容积为500 m^3，雨水进入蓄水池前，要先经过水力颗粒分离器，去掉水中的大颗粒物质、砂砾、漂浮的杂质，然后通过过滤器对雨水进行过滤净化，出水可用于浇洒绿地、洗车等。

---

① 陶阳. 沈阳南北快速路高架桥段26日竣工通车[EB/OL]. 辽宁频道，2016-09-14. http://liaoning.nen.com.cn/system/2016/09/14/019354214.shtml.

图 3-23　沈阳市南北快速干道北段高架桥下立体智能停车场

（图片来源:《辽宁晚报》）

图 3-24　环卫工人休息间

（图片来源:《辽宁晚报》）

4. 彩色公交港湾

为方便公交乘客上下车,保障乘客交通安全,南北快速干道北段高架桥

图 3-25 “流水槽”式海绵设施

（图片来源:《辽宁晚报》）

沿线设置了港湾式公交车站(图 3-26),公交港湾处铺设红色沥青明确区域功能。遵循“交通有序、慢行优先、步行有道、过街安全”的理念,在交叉口位置对机动车道进行了渠化设计,提高了交叉口通行能力。同时,为控制车辆行驶方向和保障行人安全,在有条件的路口处设置交通岛,供行人过街暂时避车,再结合街头绿地在重要点位设置“廉政”主题雕塑,弘扬廉政文化。

图 3-26 彩色公交港湾

（图片来源:《辽宁晚报》）

5. 人性化慢行道及隔音设施

在保证高架桥主线上机动车快速通行的同时，桥下地面道路慢行交通系统的设计更具人性化（图 3-27）。在人车混行道外侧有条件的位置，因地制宜地设置生态人行道，将人与环境巧妙融合，比如在北一环至二环段西北绿地建设 300 m 的生态路，全部铺设透水砖，使雨水全部渗透入地面，减轻市政管网负担。在全线人车混行道断口处设置隔离墩，防止车辆进入人行道和非机动车道。另外，还在高架桥路段设置全封闭的隔音设施，减少交通噪声对周边环境的影响（图 3-28）。

图 3-27 人性化慢行交通

四、厦门 BRT 高架桥下自行车道

厦门空中自行车道示范段（BRT 洪文站—BRT 县后站）于 2016 年 9 月 14 日开工建设，2017 年 1 月 20 日工程竣工，2017 年 1 月 26 日试运行，开放时间为每天 6:30—22:30，禁止行人和电动车进入，在当时是全国首条、世界上最长的空中自行车道（图 3-29）。起点为 BRT 洪文站，终点为 BRT 县后站，全长约 7.6 km。

1. 出入口衔接

初步规划 11 个出入口（图 3-30），与 BRT 衔接 6 处，与人行过街天桥衔

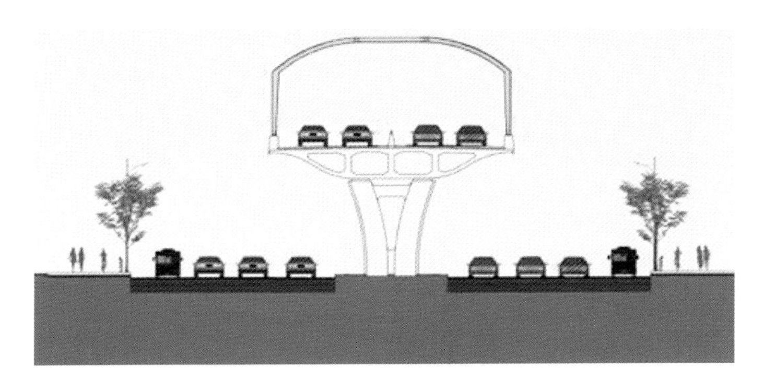

图 3-28　全封闭隔音措施

图 3-29　厦门自行车道分布图

图 3-30 自行车道高架桥出入口

接 3 处,与建筑物衔接 4 处,单侧单向两车道。空中自行车道是在 BRT 高架桥下两侧架起两条新高架桥,作为专属的自行车道,形成一个独立的骑行系统。自行车道断面主要沿 BRT 两侧布置,单侧单向两车道,净宽 2.5 m,总宽 2.8 m;合并段净宽 4.5 m,总宽 4.8 m,采用钢箱梁结构(图 3-31)。“躲”在 BRT 桥身下的空中自行车道,就借着 BRT 桥身遮阳、避雨。当然,难免会有雨水流到空中自行车道的路面上,但是骑行者也不必担心——空中自行车道的主路面是由耐磨防滑的绿色晶钢树脂复合材料铺设而成,还设有高效排水系统,直接接入市政管道。因此,从空中自行车道下过往的车辆也不用担心会被道上流下的积水“湿身”。

2. 安全管理方案

明确了准入车型、运营时间等细节。为确保自行车专用道运行安全,在每个出入口均安排秩序维护人员值班,负责引导车辆进出及流量控制管理工作,严禁电动车、行人及其他车辆上专用道。专用道设计时速为 25 km,设计峰值流量为单向 2023 辆/小时。当流量超过设计峰值的 80%时,应急中心调度员第一时间可通过监控发现并通知现场人员进行疏导,必要时可关闭入口进行流量控制。如发现突发情况,可立即规劝或制止,确保交通安全(图 3-32)。每个平台均安排管理员,负责公共自行车调度及社会车辆秩序管理工作。实行“区域内平衡调运,区域间指令调运,节假日集中调运”的车辆调节机制。

图 3-31　桥体的钢箱梁结构及骑行遮盖

图 3-32　自行车安全交通管理

3. 智能识别系统

自行车专用道采用智能化闸机“鉴别”进入车道的车辆，并采用多重传感监测技术、可见光及红外图像采集处理等技术实现对自行车、电动车和摩托车的快速通过式检测识别。车道每隔 50 m 便有一处监控摄像头，应急中心调度员可通过监控发现违规者，并通过广播予以警告。车道针对性地设计了自行车通行闸机和识别一体机等设备，可以保障自行车在专用道快速通行。此外，摄像头还可智能分析骑行流量，及时启动应急预案。

4. 安全与便捷

空中自行车道采用 1.5 m 高的白色护栏，很有安全感(图 3-33)。自行车高架桥的高度大约为 5 m，这是一个用心的设计，因为人行天桥正好是这个高度，天桥、BRT 站点的楼梯都能成为专用道的出入点。

图 3-33　高护栏保护骑行安全

建设空中自行车道是为了更加便民，所以它不会与地面行人、车辆抢道。沿途与周边重要写字楼、商场、学校、居住区等场所相衔接，途经湖里高新区、市行政服务中心、瑞景商业广场等。这里的骑行设施也与地面的不一样，有独立的照明、护栏、标志标线等，甚至连道路都会有相应的颜色(图 3-34)。

空中自行车道的桥面铺装主要颜色为绿色，在出入口、会出现车辆交会的地方采用红绿两色，以区分不同车道，引导不同方向的自行车各行其道。为了配合专用道的使用，沿线还设置多个服务平台与专用道连接，以供自行车停放。在平台之上，还设置标识系统和配套服务设施。除了和 BRT 接驳，示范段全线与 11 个普通公交站点接驳，未来地铁建成后，还将与 2 个地铁站点接驳。此外，每个出入口都设置停车平台来供自行车停放(图 3-35)。未来这样的自行车道还会越来越多，云顶路自行车专用道示范段是推广自

图 3-34　多样的色彩区分功能

行车交通的一次尝试，未来还将结合市民骑行需求，陆续开展其他区域自行车道的建设与完善工作。

图 3-35　自行车停放功能

第四章　城市高架桥下绿化利用及景观

桥下绿化是目前我国城市高架桥下空间利用方式和景观主要构成内容之一，它可作为机动车分隔带，是美化环境、减缓桥下污染、改善环境质量、增加绿化率的主要手段。不同的地理区域、不同的桥下空间及绿地位置宜对应采用不同的绿化模式，应用不同的植物品种，尽可能丰富桥下绿化景观。20 世纪 90 年代，广州市首先开展了高架桥桥阴绿化建设，意图通过增加桥下绿色植物改善生态环境（吴华等，2015），深圳市的桥身绿化、上海市的桥顶绿化建设在全国范围内居于前列（关学瑞等，2009）。

第一节　桥下绿化利用的条件

桥阴绿化泛指位于高架桥桥阴空间内的植物绿化区域。广义上，高架桥桥阴空间是指由墩柱、桥板、桥梁以及两侧共同包围形成的两边开敞、上部封闭的半封闭式室外空间，狭义上是指城市高架桥桥面底部到地面之间的环境，可定义为桥板的正投影区域。目前常用的桥阴空间绿化范围有两个：①高架桥下的绿地及立体绿化、周边绿化组成的高架桥绿化；②高架桥桥体垂直投影区以内的绿化，包括墩柱绿化和地面绿化，都为本书研究的桥阴绿化的范围。

一、立地条件

立地条件是场地左右植物存活发育的多种外部自然环境因子的总效应，包含了气候、地貌、土壤、水文、生物等环境因子（耿立民等，2012）。立地条件负责将光照、温度、水分、空气（二氧化碳、氧气等）、各种矿物质等植物生长所需基本条件进行再次分配。

在园林景观角度上，立地条件的含义是以植物生长空间中的土壤条件

及微气候条件等客观因素为主，而人为活动、生物条件、地理条件等间接因素则相对弱化。一般来说，土壤条件包括土壤的质地、厚度、有机质(腐殖质)含量、酸碱性(pH值)、渗透能力、保水持水能力等；微气候条件则主要囊括了场地的温度、湿度、风速、光照条件、空气污染物及降雨情况等；地理条件包括场地的位置、海拔等；人为活动包括行为性的环境破坏、维护管理等；生物条件包括场地内外的动植物及微生物活动，多起着促成植物与外界进行互动的生理活动的作用(表4-1)。

表4-1　立地条件环境因子分类

立地条件	单因子类型
土壤条件	土壤的质地、厚度、有机质(腐殖质)含量、酸碱性(pH值)、渗透能力、保水持水能力
微气候条件	光照时长及强度、空气温度、空气湿度、空气流速、降水量、空气污染物等
人为活动	人为破坏、维护管理
生物条件	周边环境动植物、场地内动植物及微生物活动
地理条件	场地经纬度、海拔、地势等

并非所有绿地都有着相同的立地条件，不同地块的环境因子均有或大或小的差异，甚至不同场地的主导立地条件因子也有差别。另外，不同植物对不同环境因子的敏感性及适应度也不相同，因此必须按照不同的立地条件特征，因地制宜、有针对性地进行植物筛选及种植，才能保证场地植物的生存及正常生长(王富等，2009)。

二、桥阴空间绿化生境因子研究

高架桥桥阴地的生态环境是筛选桥区植物品种的关键参照，也是植物良好存活发育的根本。高架桥桥阴空间的温度、湿度、光照条件、粉尘污染等生态环境是决定桥阴植物生长效果的关键因子，部分研究学者对其进行了测量，并总结出了相应的规律(张辉等，2011；王瑞，2014)。

在光照方面，陈敏等(2006)、王雪莹等(2006)指出光照条件是桥阴绿化植物生境条件中不可或缺的环境因子,认为不同走向的桥体对光照影响大,种植植物前应先进行光照测试,以此筛选适宜的植物并进行合理的布局。殷利华等(2014)、安丽娟(2012)从光照强度、光照时长等方面分析不同走向高架桥的光照情况。

在水环境方面,陈庆泽等(2016)将高架桥空间与雨水生态收集利用设施结合,为桥阴水环境改善及相应的植物选择开辟了新的研究方向。

在土质方面,陈新等(2002)指出高架桥桥区土壤多为建筑回填土,普遍pH值较高、肥力差。刘弘等(2008)发现乔灌草群落的平均增湿效应在土壤中表现最明显。

第二节　桥下绿化利用的基本形式

一、立体绿化形态

高架桥立体绿化涵括了墩柱绿化、桥面绿化、桥侧绿化三类。根据上述对桥阴绿化研究范围的界定,本书只对墩柱绿化加以阐述。高架桥的墩柱材料多样,最常用的材料为钢筋混凝土,为避免吸附类攀缘植物根系对墩柱的侵蚀,同时增加攀缘植物或缠绕植物的生长附着点,墩柱绿化的主要做法是设置围绕立柱一圈的塑料或铁丝防护网,供爬山虎、五叶地锦等藤本植物生长。

鉴于高架桥桥下光照条件不佳,高架桥下墩柱的光照条件受其形式及桥体净高的影响较大,两侧双柱式相对中央柱式的墩柱光照条件更好,受照范围及时长相对更多,因此墩柱绿化在两侧双柱式墩柱上应用情况最好。

立体绿化占用的土地资源非常少,目前有关高架桥立体绿化的研究较多(覃萌琳等,2007)。陆明珍等(1997)选取5种上海地区常见的攀缘植物,对其进行桥阴环境试种,结果显示五叶地锦对光照有极强的适应性,剩余4种植物则不理想。徐晓帆等(2005)、丁少江等(2006)归纳了深圳市高架桥常用垂直绿化植物,并以此罗列了几十种攀缘植物的配置模式。于坤(2013)等人研究了不同类型高架桥墩柱上的植物品种,分别提出了相应的

配置模式。

二、平面绿化形态

平面绿化泛指高架桥下与桥面平行的地面的绿化，平面绿化形式与桥阴空间的利用方式关联性强。除纯绿化外的 6 大桥阴空间利用方式中，道路交通、休闲娱乐两类对绿化的要求相对较高。

道路交通类的平面绿化以带状绿化为主，线性特征明显。根据车道位置及墩柱形式，绿化带形态可分为中央分车绿化带、两侧分车绿化带及全幅绿化带三类。中央分车绿化带多适用于中央双柱式或中央单柱式的墩柱类型，植物种植于中央墩柱周边，两旁走车；两侧分车绿化带多适用于两侧单柱的墩柱形式，绿化植物种植于两侧单柱周围，中央走车；全幅绿化带将桥阴空间地面全部铺满植物，不兼容道路交通及其他使用方式，一般适用于土地不紧张的城郊地块或桥面窄、净高低的桥段，多出现于城郊接合部（图 4-1）。

休闲娱乐类利用方式的占地面积大，对绿化要求高，形式多样、灵活性强，带状、团状、镶嵌、规则、自然等形式的绿化均可适用。该利用方式对场地景观的美感、舒适度要求最高，植物种植需要满足种类丰富、层次分明、色彩交叠、季相分明、舒适宜人等要求。

选择在桥宽比、桥体走向、桥阴绿化及利用方式类型、桥体周边环境、导光缝 5 个方面极具典型性的高架桥样本，并分别组合成不同情况的对比组。同时样本的选择要保证样本高架桥桥阴绿化种植时间超过一年，植物生长良好、景观状态稳定。

关于平面植物配置方面，关学瑞等（2009）就桥阴空间的生态环境、植物品种筛选、后期维护等 4 个方面进行了分析和探讨；李莎（2009）以长沙市为例对高架桥桥下绿化进行了调研，并推荐了不同功能的绿化模式，包括防护类、娱乐休闲类、耐阴类、立体形态类及保持水土类等。

在种植形式上，尽可能采用小乔木＋灌木＋草坪及地被的立体式植物群落的形式。如华中地区城市高架桥桥下绿化推荐选用的上层植物为山茶、羽毛枫、龙爪槐、茶梅、海桐、小檗、紫珠、阔叶十大功劳、洒金珊瑚、日本

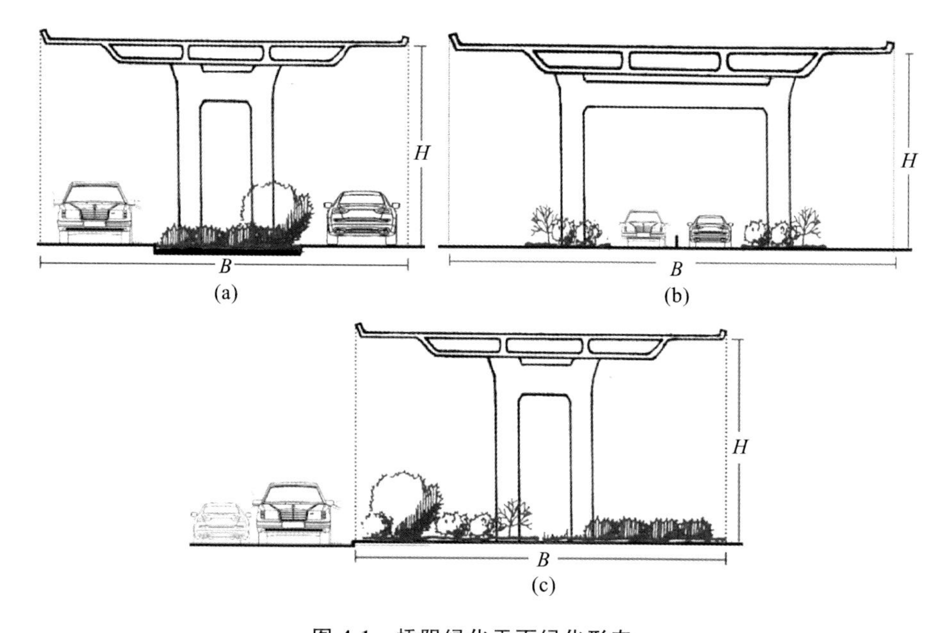

图 4-1　桥阴绿化平面绿化形态

(a)中央分车绿化带;(b)两侧分车绿化带;(c)全幅绿化带

(图片来源:课题组绘)

桃叶珊瑚、八角金盘、南天竹、常春藤、万年青等;推荐选用的下层植物为假俭草、结缕草、阔叶麦冬、山麦冬、玉簪、连线草、络石等。对于桥柱部分,推荐选用爬山虎、薜荔、络石、扶芳藤、金银花、地锦等植物,都具有较为良好的效果。

第三节　桥下绿化利用景观的问题及解决方法

一、桥下绿化利用景观的问题

李海生等(2009)从桥面绿化、墩柱绿化、桥阴绿化三方面对广州市城区内高架桥桥下的植物绿化现状进行调研,发现高架桥桥下种植的植物主要存在种类单一、配置方式机械化等现象。

1. 设计盲目与滞后

在城市高架桥建设中，绿化大多采用“见缝插针”式的设计方式，绿化景观元素之间往往缺乏合理的联系与呼应，忽略绿化的整体性、变化性及持续性，导致绿化整体形象的单一。有的路段、节点更多是为了绿化而绿化，没有融入城市的历史文化、展现城市的窗口形象，远没有满足人们的生理与心理需求。

在理论与实践意义中，绿化是不能脱离城市高架快速路建设而单独进行的，绿化的设计与营建必须在桥体设计与建设阶段同步进行。但目前的城市高架桥桥下绿化通常是在高架桥修建好以后单独进行的，不仅未能在前期留下足够的绿化用地，使得绿化只能使用一些挂篮或攀缘性植物，而且市政管线铺设不到位，导致浇灌困难，从而只能采用人工浇灌技术，消耗不必要的人力与财力。而随着生活水平的提高，人们对于城市高架桥桥下绿化的追求不仅仅限于单纯的装饰美感，还包括其本身所固有的“精神”层面追求，如怀旧感、历史感、亲切感、舒适感及愉悦感等。每个城市都拥有着不同的久远的历史、不同特色的风土人情，道路景观是体现城市风貌最直接、直观的方式之一。但现今的桥下绿化根本没有充分把握好这个契机，导致设计滞后。

2. 植物的选择、配置与应用不科学

植物作为绿化的主体性元素，科学合理的植物选择与植物配置对绿化设计具有积极的作用，可以达到事半功倍的效果。因城市高架桥桥下绿化的约束性，选择的植物种类主要为抗逆性强的植物，以保证良好的长势。目前高架桥桥下绿化植物种类欠缺、大同小异，使桥下绿化不仅单调呆板、千篇一律，且缺乏城市特色，这也与对城市高架适生植物的种类研究仍然处于理论阶段且实际运用不够、联系不紧密有关。因为缺乏对该领域的专业研究，设计往往为了达到新颖、独特的效果进行推陈出新，“促使”了绿化设计中对不适宜该环境生长的植物的选择，造成植物形成短暂的景观效果后，大量枯萎、死亡，与设计初衷背道而驰。

3. 养护管理不到位

目前往往忽略对高架桥快速路绿化的养护管理，致使许多高架桥绿化只有短暂的初期效果并得不到很好的展现，造成人力、财力、物力的浪费。同时因疏于修剪，植物枝叶蔓延生长，会妨碍驾驶员的开车视线，给行车带来一定的危险，这也成为目前人们质疑高架桥快速路绿化建设的一个重要因素。城市高架桥桥下绿化养护的重点是水的管理，如果在修建城市高架桥时就预留绿化空间与安设喷灌设施，达到同步绿化，不仅可以避免后期的许多问题，还能降低成本。但实际情况并非如此，针对已经修建好的高架桥快速路，养护管理是非常难的，尤其是浇水方面，不仅成本高而且难度大。而这个棘手问题的解决，对于目前国内许多仍处于绿化改造阶段的高架桥来说，具有重大的现实意义。

4. 交通安全考虑不周

城市高架桥作为城市交通的一个主体部分，其展示城市空间形象与城市文化的绿化是建立在以道路交通为基础的载体上，因此不能忽略其组织交通、保障行车安全等最基本的功能。但目前很多高架桥桥下绿化对流畅的交通形成了阻碍，给行车安全造成了一定的干扰，如在交叉口采用小乔木与灌木搭配的种植形式，增加了机动车辆转弯时的危险系数。同理可循，高架桥桥下绿化的养护管理由于设计的滞后性，不能及时有效地跟进，甚至存在后期无人养护管理的现象，致使交叉口植物不断生长，茂密高大的树枝大大影响了来往车辆的视线通透性，增加了行车的安全隐患。高架桥桥下空间同时也作为人们休闲娱乐的公共活动空间，设计时由于过于考虑景观的形式与效果而忽略了“人”这个服务本体，让人们在行色匆匆地穿梭于车流与城市高架桥下时存在一定的安全隐患。另外，桥下空间缺乏足够的绿化，使人们的活动与桥下道路交通存在交叉性，极大地干扰了行车流线与交通安全。因此，在绿化中应该为人们提供一个安全适当的穿越方式及足够的绿化空间以保证安全通过。

（1）绿化设施功能性差且易老化。随着时间的推移，绿化设施结构及种植容器以及基质等超过设计使用寿命，产生老化，造成高架桥垂直绿化不能继续发展或直接终止。

（2）浇灌高碳。高架桥绿化普遍使用比较麻烦的人工浇灌方式，不仅绿化养护成难题，同时耗费人力、财力，且可能会在人工浇灌过程中引起公共

区域的使用不便。

(3) 植物生长存活难。高架桥特殊的生态环境，比如废气导致种植土壤pH值偏高、盐渍化程度严重、灰尘大、桥表层水泥材质引起的温度起伏等，导致植物生长存活难，整体系统导致植物生长较差。

二、桥下绿化利用的建议

高架桥桥下绿化是环境绿化的重要组成部分，设计时要了解车流、人流的情况，有害物质的污染，地上、地下设施的位置、高度、深度等。绿化应满足遮阴、防尘、降低噪声、不影响交通安全及美观等要求。

(1) 城市建设管理机构需高度重视，也需要城市居民的积极参与。

绿化不仅能在城市建设中达到立竿见影的效果，更重要的是还会持续产生社会效益、生态效益。高架桥桥下空间绿化是城市道路绿化的一种，也是桥下空间利用中的一种相对简便、生态效益较好的主要途径，同时也有利于提升城市形象。在城市建设管理机构对高架桥进行最初的规划立项时，桥下绿化景观就应该作为一个主要的方面参与进去，且绿化还应该占比较大的比重，并将其建成后的维护管理一并考虑进去。

在城市建设管理机构高度重视的同时，也需要城市居民的积极参与，这对高架桥景观绿化的维护和养护管理，都能起到积极的作用。高架桥桥下适宜种植常绿灌木，品种应向多样化发展。利用这些植物本身优美的造型，给城市环境营造美的意境，还有利于空气的净化。例如八角金盘、日本桃叶珊瑚、常春藤、鹅掌柴等。

(2) 需要充足的财政建设资金支持。

城市建设管理机构要对高架桥桥下绿化加大资金投入。燕山立交桥的绿化投资约为每平方米300元，最终建成的效果良好。绿化不是建成后就万事大吉了，它后期的养护管理仍然非常重要，也需要资金的投入，如浇水灌溉等。

(3) 需要将交通功能作为建设的主要目标。

高架桥的绿地要服从交通功能，保证驾驶员有足够的安全视距。出入口要有起到指示性作用的绿化种植，以指引行车方向，使驾驶员有安全感。

不宜种植遮挡视线的树木,不允许种植过高的绿篱和大量乔木,应以草坪为主,点缀常绿树和花灌木,适当种植宿根花卉。

(4) 高架桥绿化配置应因地制宜,提升配置艺术水平。

桥下植物种植应因地制宜,采取多种配置形式,注重按植物群落结构进行科学配置,扩大绿地的复层结构比例。并提升配置艺术水平,美化街景,提升整个城市的交通绿化景观水平。

(5) 需定期维护管理。

由于高架桥下植物无法受到雨水冲淋,污泥粉尘很容易黏附在叶片上,既影响了外观,又对其自身生长不利。因此护绿工应对其进行定期护理,将叶片上的污泥冲落,使其重新吸附灰尘及吸收有害气体。同时,也可发动附近中小学的学生组成志愿者护绿队,定期护理。

(6) 加强养护管理技术的研究。

由于高架桥下植物生长条件特殊,立地条件、光照条件、灌溉条件等都不同于正常区域种植的植物。因此,养护管理人员应加强养护管理技术措施的研究探索,建立起一套科学的养护管理技术规范体系,满足高架桥绿化工程技术的需求。

(7) 注意光热条件的改善。

由于高架桥桥下空间环境阴暗,光热条件不理想,因此在布置桥下导视照明系统时需要注意不同走向、不同桥梁结构的高架桥桥下采光条件,同时,布置桥阴绿化植物时也需要考虑桥下特殊的气候环境,选取耐阴的适应桥下水热环境的植物。

三、桥阴空间绿化实践导则

1. 港台地区

台湾的城市高架桥桥下空间用途以小型车停车场、商场、消防、居民活动场所等为主。香港地区高架桥的基数较大,穿越市区的快速干道多采用高架桥的形式(图 4-2),因此香港在高架桥立体绿化方面颇有建树,并已有明确的政策规定高架桥墩柱的 20%～30%须覆盖绿色植物,另外高空绿化

图 4-2 香港城市高架桥桥下绿化及景观(爱秩序湾桥下公园)

(图片来源:课题组拍摄)

的监督奖励政策与机制也颁布在即(史源等,2015)。

2. 大陆地区

大陆城市中最开始实践除交通利用外的高架桥桥阴空间利用形式的是1990年左右的北京市,其在高架桥空间下辅以办公大厅、汽车销售、餐饮、休闲、娱乐等形式,应用的高架桥有赵公口、天宁寺、菜户营、玉泉营、白纸坊等高架桥,但餐饮、娱乐、商业等利用形式终因桥阴空间环境恶劣、安全情况堪忧等问题被逐渐废除。直到21世纪初,大陆地区才开始了较为成功的综合利用模式的探索,包括2002年四川成都的人南立交老成都民俗公园、2003年山东济南的燕山立交广场、2006年的上海五角场环岛立交下沉式广场等。

在桥阴空间绿化营造的技术规则制定上,2002年深圳市制定了《立交桥悬挂绿化技术规程》,规范了高架桥垂直绿化的技术要求;2007年广州市开始对高架桥立体绿化进行专题研究,出台了相应的绿化种植养护技术规范,随后杭州市、上海市等城市纷纷效仿;2016年10月,深圳市首次在《深圳经济特区绿化条例》中将立体绿化单独设章,并强制规定新建高架桥必须实施绿化。

综上可见,从2005年开始,国内对高架桥桥阴绿化空间营造的关注程度越来越高,但现有的研究成果多集中在高架桥立体绿化理论及实践研究方面,对桥阴地面绿化的研究以及环境的研究则相对缺乏。

第四节　桥下绿化利用及景观优秀案例

一、新加坡海滨公园旁桥下景观

新加坡是世界闻名的花园城市，绿化覆盖率达到50%左右，人工绿化面积达到每千人7000 m^2，园林面积达到9500多公顷，占国土面积的近八分之一（图4-3）。而这样的绿化成绩绝非先天使然，新加坡曾经是个杂草丛生、沼泽地多、居住环境恶劣的国家而已。经过几代人的努力，新加坡早已实现了“华丽转身”，骄傲地打上了“绿色”的标签。

图4-3　新加坡景观及部分城市高架桥桥下绿化

（图片来源：前两张来源于新加坡海滨花园官网（http://www.visitsingapore.com.cn），其余为课题组拍摄）

时任新加坡总理的李光耀就提出了“绿化新加坡、建设花园城市”的构想。他认为环境的改变可以逐步地提升人民的素质和生活品质。1965 年，新加坡政府就确立了建设“花园城市”的规划目标。在人口密度大、土地资源十分紧缺的情况下，提出了人均 8 m^2 绿地的指标，并要求“见缝插绿”，大力发展城市空间立体绿化，不断提高城市的绿化覆盖率。

在之后的约半个世纪里，新加坡政府始终坚持着“绿化新加坡”的目标，在不同的发展阶段制定了不同的具体规划并严格实施。对区域性公园、绿化带、街心邻里公园、停车场、高速路、人行道、高架桥、楼房立面等的绿化位置、面积、标准、责任人等都逐步设立了明确规定。

新加坡的高架桥在桥面、桥下、桥墩等处都进行了大量的绿化，茂密的桥墩绿化集中体现了新加坡立体绿化的特点。

二、广州市桥下绿化景观

广州市在 1985 年动工兴建了中国第一座高架桥——小北高架桥，第二年大北高架桥也动工建设，两座高架桥均于 1986 年 8 月建成通车，紧接着 1987 年又在市中心区建成了人民路高架桥和六二三高架桥。20 世纪 80 年代广州市已完成 4 座高架桥的建设。广州市的高架桥穿街过巷、纵横交错，总计超过 40 km，成为全国高架桥最密集的城市之一。

广州市是我国较早进行高架桥绿化的城市，在 20 世纪 90 年代初，广州市就对大北高架桥进行了绿化，当时只是在高架桥桥底种植植物，对高架桥桥体没有进行绿化，从 1999 年开始，广州市开始进行高架桥桥体绿化，机场路高架桥是最早进行桥体绿化的。2013 年，广州市对全市 100 座立交桥和天桥的桥梁绿化及配套设施进行了升级改造。现在我国高架桥正处于不断的建设中，而高架桥的景观绿化步伐却没有跟上高架桥建设的步伐，主要表现为高架桥无绿化和绿化不合理。

广州市高架桥景观绿化主要集中在天河路、环市路、东风路等路段，内环路高架桥垂直绿化长达 20 km，桥下有大片绿化，植物非常茂盛，桥体如绿色走廊，绿意盎然、充满生机。广州市高架桥绿化可以说在全国处于领先水平，现对广州市高架桥绿化处理手法进行分析。

高架桥绿化主要以高架桥桥下空间绿化、路侧挡板绿化和桥墩绿化的形式存在。目前从多个发展高架桥绿化的城市来看，广州市的高架桥绿化具有一定的借鉴与参考价值。

1. 空间处理手法

利用高架桥桥下的有效土地种植空间进行规划，选择合适的植被进行栽种，形成成片的绿化。高架桥挡板绿化是通过在桥体两侧安放的有效栽植空间，提前安放水管，填装植被所需的土及养料，进行植物栽种，形成带状的绿化。高架桥桥墩绿化是通过在桥墩表面安装网状结构的植被辅助攀爬栏，从而使植被有效地在攀爬栏进行生长与覆盖，形成柱形的绿化。

2. 选择景观效果良好的植物

广州市结合自身复杂条件，选择了13种植物，并广泛地用于广州市的高架桥城市绿化中。三角梅又叫作叶子花、九重葛、宝巾、三角花等，是属于紫茉莉科、叶子花属的常绿攀缘灌木，在温暖的地区常见它们在室外攀缘生长（图4-4）。目前已培育出一些矮生品种，不需要特别管护也能保持灌木的形状。三角梅观赏的部分并非真正的花，而是小花下色彩艳丽的纸状苞片，苞片颜色有白、黄、橙、粉红、红和紫等。

图4-4　广州市很多高架桥和人行天桥上三角梅争相绽放

（图片来源：2016-10-16，09：12，南方网，

http://gz.southcn.com/content/2016-10/16/content_157637440.htm）

3. 广州市高架桥养护措施

（1）针对没有绿地空间的高架桥空间，采取设置挂篮和种植攀缘植物的

方式。

(2) 浇灌方法得当。广州市林业和园林科学研究院的专业人员通过换土、采用喷灌技术、加强施肥等措施,将高架桥的绿化发展起来。

(3) 广州市在接下来的高架桥建设中充分考虑到绿化的问题,在设计时就提前考虑进去,进行路侧挡板设计,便于进行高架桥的路侧挡板绿化。

三、成都市二环路高架桥下绿化景观

成都市二环路高架桥是在原有二环路上修建的高架城市快速路,于2013 年 5 月 28 日正式通车运营,全长 28 km(图 4-5)。以“建管并重、公交优先”为原则建设的二环路高架桥有效地缓解了成都市主城区的交通压力,方便了成都市民出行(吴华等,2015)。

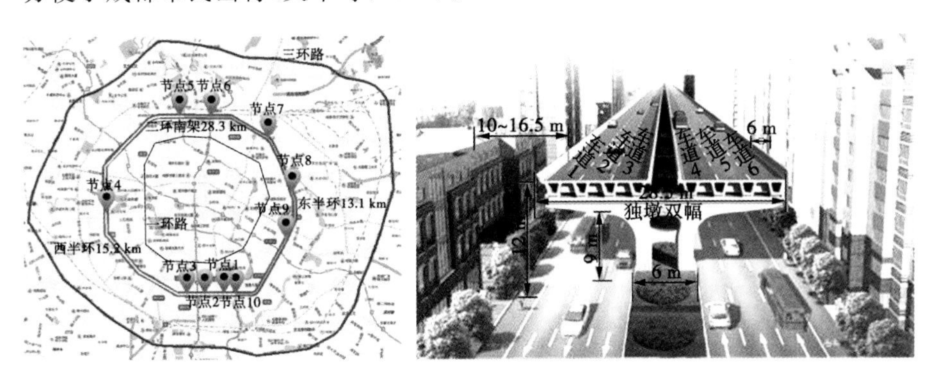

图 4-5　二环路高架桥平面(左)和剖立面(右)示意图

(图片来源:吴华等,2015)

成都市二环路高架桥桥下绿化主要采用双向车道隔离带形式,全环绿化隔离带宽度约 6 m,以开放式草坪和爬藤植物绿化为主,在重要的交通岛呈绿化斑块并栽植有防护乔木、草坪地被及美化花卉等。乌克兰克莱文镇被绿色植被包裹的“爱情隧道”,绿得让人窒息,美得让人惊叹。成都市二环路高架桥下也有一条这样的绿色走廊。绿意盎然的爬山虎已经长满桥墩,让整个二环路拥有了与这座城市相吻合的文艺气息(图 4-6)。

初夏,成都市二环路高架桥桥下的一片片绿油油的植物,让每日穿梭于钢筋混凝土丛林之中的市民赏心悦目,这些植物紧紧拥抱着水泥柱子,就像

图 4-6　成都市二环路高架桥下的绿色走廊

（图片来源：http://news.yuanlin.com/detail/2017712/256605.htm）

一件件绿色的衣服把灰色的柱子装扮得春意盎然。这种有顽强生命力的植物叫爬山虎，又称捆石龙、枫藤、红葡萄藤等，其在绿化中已得到广泛应用（表 4-2），尤其在立体绿化中发挥着举足轻重的作用。它不仅可达到绿化、美化效果，同时也发挥着增氧、降温、减尘、减少噪声等作用，是藤本类绿化植物中用得最多的植物之一。

表 4-2　成都市二环路高架桥桥下植物种类

植　　物	科　　属	栽植地段
美国黑麦草	禾本科黑麦草属	全环
沿阶草	百合科沿阶草属	全引桥下
万寿菊	菊科万寿菊属	科华立交桥交通岛
波斯菊	菊科秋英属	科华立交桥交通岛
韭兰	石蒜科葱莲属	科华立交桥交通岛
矮牵牛	茄科碧冬茄属	人南立交桥交通岛
扁竹根	鸢尾科鸢尾属	老成都民俗公园
一叶兰（蜘蛛抱蛋）	百合科蜘蛛抱蛋属	老成都民俗公园
肾蕨	肾蕨科肾蕨属	老成都民俗公园

续表

植　　物	科　　属	栽植地段
爬山虎	葡萄科地锦属	全环
野牡丹	野牡丹科野牡丹属	人南立交桥交通岛
牡丹	芍药科芍药属	老成都民俗公园
月季	蔷薇科蔷薇属	西南交通大学门外
海桐	海桐科海桐花属	老成都民俗公园
三角梅	紫茉莉科叶子花属	双桥子立交桥交通岛
香樟	樟科樟属	双桥子立交桥交通岛
杜英	杜英科杜英属	人南立交桥交通岛
木芙蓉	锦葵科木槿属	人南立交桥交通岛
白兰	木兰科含笑属	老成都民俗公园
女贞	木樨科女贞属	刃具立交桥交通岛
刺桐	豆科刺桐属	刃具立交桥交通岛

（表格来源：吴华等，2015）

四、南京市盐仓桥广场高架桥桥下绿化景观

盐仓桥位于盐仓桥广场西北，南起中山北路，北至北祖师庵。据说，明代的时候曾经在现新民门附近设有盐库，故称“盐仓”，且仓前有小桥，这条街就取名叫“盐仓桥”。

南京市2014年5月在盐仓桥广场高架桥桥墩上“见缝插绿”，首次种植鲜艳的垂直绿化植物，它为现代化的城市高架桥增添了特别的美丽风景。5个桥墩种满色彩斑斓的季节性花卉和本土植物，形成花柱，被赞为“最美桥墩”（图4-7）。

高架桥桥墩上的绿色方块“草皮”和花卉的施工工艺为典型的垂直绿墙，通过布置好预制的种植袋、种植盒，利用其中的营养土栽种。这套垂直绿化系统跟桥墩没有任何接触，离桥墩的距离为30 cm，是在桥墩外包一层钢架，再铺上一圈厚厚的“种植毯”，表面是植物种植袋，不会影响桥墩的结构安全（图4-8）。

图 4-7　盐仓桥广场高架桥下的多彩花卉桥墩

图 4-8　桥下墩柱绿化施工

（图片来源:《新闻午报》）

5 个桥墩增绿 100 多平方米，其中绿色植物只占三分之一，由吊兰、花叶蔓组成，花卉占三分之二，有矮牵牛、海棠、美女樱等，约 1500 盆。厚“种植毯”起到土壤的作用，存储营养水，为花卉提供养料。密密麻麻的水管遍布在种植袋后面，定期给植物提供营养水，浇水同时也是施肥的过程。根据桥墩的高度，5 min 后，营养水刚好渗透全部区域，又保证肥料不外溢、污染路面。在这套“全自动水肥一体化远程控制系统自动滴灌”系统中，水管滴头能照顾到每棵植物的根，且能确保每棵植物得到的水是同样多的。浇水时间和水量均由计算机控制，通过手机可远程控制水管滴头的开关。这套远程控制系统在停水、停电时，会及时以邮件和短信的形式通知管理人员，以便及时解决问题。与普通植物不同，这些花卉和绿色植物适宜在高架桥桥下种植，且有抗高温等特质，适应南京市的气候与生存环境。

五、南京市雨花西路地铁高架桥下绿化景观

南京市雨花西路地铁高架桥的爬山虎每年夏天挂下来，像绿色的窗帘，宛如一条漂亮的绿色长廊，又如倾泻而下的绿色瀑布，将整个高架桥包裹在绿色里，令人赏心悦目（图 4-9）。

图 4-9　南京市雨花西路地铁高架桥下绿化景观

（图片来源：惠农网，http://news.cnhnb.com/rdzx/detail/228510/；

我新闻，http://mynews.longhoo.net/forum.php? mod=viewthread&tid=842503）

除了爬山虎，南京市还将常青藤等植物用于高架桥的绿化景观营建（图 4-10）。在高架桥上种爬山虎，不仅有利于夏天降温、减尘，还能减轻驾驶员的驾驶疲劳，在城市垂直绿化、破损山体植被恢复和水土保持等方面具有其他植物难以替代的作用，这也是很多城市喜欢在高架桥及高架路下种爬山虎的原因。

图 4-10　南京高架桥上藤本绿化

（图片来源：国搜江苏，

http://js.chinaso.com/tt/detail/20180705/1000200033118751530784052141417914_1.html）

对于高架桥下生长的爬山虎，南京市绿化园林局的养护工作人员日常都会进行浇水、施肥等养护，盛夏爬山虎长势旺盛时，容易遮挡驾驶员的视线，就会对其进行修剪。夏天天气干燥，爬山虎容易枯黄，他们会将藤蔓剪短，减少蒸腾作用。高架桥下片片绿叶赋予钢筋水泥体以生命。

南京市现有市政桥梁 300 多座，立交桥下的空间面积超过 10 万平方米。

近两年，园林部门完成了不少主要干道立交桥的立体绿化工程。高架桥上的绿植养护难度大，桥梁立体绿化一直很单调。除了爬山虎、常青藤外，基本无别的植物。目前，园林部门也在进行植物抵抗力科研试验，以期筛选出更多可供选择的植物。备选的植物都要经历耐寒及防晒的试验，只做简单的养护，如果能存活下来就可以进入名单。如南京市有种乡土植物佛甲草，通过试验筛选出最具抗逆性的品种，应用在立体绿化上，夏季能抗 60 ℃高温，在－10 ℃的冬季也能存活，平时无须浇水。金银花、茑萝、扶芳藤等植物也值得推广。

六、福州市二环高架桥下绿化景观

2010 年初，福建省委、省政府作出"四绿"工程的战略部署，建设"绿色城市、绿色村镇、绿色通道、绿色屏障"成为全省上下的目标。福州市街头绿化大改造在完成 200 处立体绿化的基础上，在二环道路沿线已建绿地，包括省体育中心绿地、省体育中心渠化岛、二环—杨桥路路口图书城绿地、荷泽绿地、乌山西喇叭口等 23 块绿地上，重点实施局部的彩化和花化提升。2015 年，福州市实施的双湖互通和奥体中心区域的园林绿化设计和施工项目，建成了福州市内最大的立交桥绿化景观。福州市高架桥绿化选择的主要树种是以大叶榕树为主，以开花乔木黄花风铃木、木棉、紫荆为辅。高架桥桥身绿化即在道路两侧的护栏外，挂篮栽种三角梅、波斯菊、硫化菊等，种植的面积达到几千平方米。高架桥下面，种植的乔木为四季常绿的樟树、春季开满花的红花羊蹄甲和季相分明的鸡蛋花（图 4-11）。

为提升二环路沿线高架桥桥下绿化效果，福州市政府同意福飞路、铜盘路、杨桥路高架桥桥下绿化由福州市规划设计院（现福州市规划勘测设计研究总院）统一提供设计方案，由鼓楼区政府负责引入三家有实力的开发商捐资并组织施工建设。现有二环路高架桥桥下的桥墩，虽有较好的垂直绿化效果，但桥墩间用地未能充分利用，缺乏景观衔接。改造重点是在高架桥桥下通过砌筑花池来充分利用桥墩间用地，同时种植色彩丰富的色叶植物和开花灌木，形成花境，与桥墩的爬山虎，桥面的三角梅、长春花等共同营造富有特色的高架桥景观。西二环铜盘高架桥下的花圃中有一大一小两座长颈

图 4-11　福州市奥体中心旁高架桥绿化

（图片来源：搜狐网，http://www.sohu.com/a/225586013_100089366）

鹿雕塑，还有一座梅花鹿雕塑（图 4-12），这些马路"动物园"中的动物雕塑，看上去栩栩如生，给车辆穿梭不停的马路增添了几分生气。

图 4-12　二环线高架桥下绿化和美化

（图片来源：腾讯·大闽网，http://fj.qq.com/a/20100823/000044.htm）

上述案例都属于结合当地气候条件和植物种类资源，尽量将"色彩""形态"及立体绿化方式引入桥下绿地空间，丰富桥下绿化景观和增加其生态效益的优秀案例，值得各城市在对原有桥下绿化景观进行规划设计和建设时借鉴。

第五章　城市高架桥下游赏休闲利用及景观设计

第一节　桥下游赏空间开发的基本条件

1. 较高的使用需求和可达性

在高架桥下开发游赏空间的前提是有足够的游赏人群，因此所在位置的高度便利性和可达性是开发建设的基本条件。不同的地理位置、周围游赏环境质量等都影响人的使用需求，缺乏游赏空间的地区，开发桥下空间、进行游赏利用的积极性更大，较好的可达性也会增加使用效率。

2. 足够的净空

高架桥下空间太矮易使人产生压抑的心理感觉，光线较差易使人产生不安全感，只能通过灯光补给，但会造成资源浪费。故可利用的空间最低不宜低于 2.8 m，接近普通的室内环境。不同的高度也可开展不同类型的活动，如高度只有 2.8 m 时，可以开展散步休闲、乒乓球等简单的活动，高度超过 6 m 时，可依托高架桥墩柱设置攀岩等活动设施。

3. 适当的活动场地

开展游赏休闲活动需要的活动场地大小与活动内容有关，不同形式的活动对场地要求不同。如简单的骑行慢步道只用桥下墩柱之间较窄的部分就足够；静坐观赏、小型球类运动等对场地面积要求不高，普通线型空间便可以开展；休闲公园等需要一定面积的游赏空间，则对高架桥周边环境有一定要求。

4. 较好的绿化

较好的绿化不仅能提升桥下空间的视觉效果，还能改善桥下的微气候环境，提升游赏环境的舒适度，好的绿化是开展游赏休闲活动的基础性条件。

第二节　桥下游赏空间的基本形式

一、按空间形态分

1. 点状空间

以桥下局部单元做特殊的景观视觉中心或者小场地游园，面积小而集中，其内开展的活动通常以简单的休息观赏或历史文化体验为主。一般直接从两侧道路通过人行道进入，活动空间是一个整体，没有明显的游赏路线（图 5-1）。

图 5-1　桥下点状利用空间

（图片来源：课题组拍摄）

2. 线状空间

桥下空间窄且长，多设置为以线性动态游赏为主的漫步道或骑行道。主要由一条单向游路串联各个小型景观或休息空间，游赏空间环境与感受较单一（图 5-2）。

图 5-2　桥下线状骑行空间

3. 面状空间

结合高架桥周边自然环境，形成大片面状游赏公园等，以自然型或弧线型道路连接，呈环状或网状（图 5-3），空间环境多变、游赏内容丰富。

图 5-3　桥下与周边绿地结合的面状空间

二、按游赏方式分

1. 文化欣赏类

以桥下空间为载体，宣扬地方历史文化，将历史特色融入高架桥实体设

计中，开展的活动多为静态的，如漫步欣赏。可游赏的内容不仅包括桥墩壁画、涂鸦、景观浮雕、雕塑，历史景观亭、桥、廊，还包括丰富的文艺汇演活动等。

2. 休闲游赏类

依托桥阴空间及周边较好的环境，布置大小与类型各异的活动空间，为游人提供包括亲子活动、散步、打牌、下象棋、看书、练习乐器、休息、聊天等较为零散的休闲活动空间。若周边环境有水体，则可以因地制宜地开辟各种滨水游赏活动空间。

3. 运动健身类

根据桥阴空间规模与周边环境需求，设置不同类型的运动健身活动空间，在空间较局促的情况下，可以在特定地点进行太极拳、太极剑、健身操、攀岩、乒乓球、羽毛球等占地小的零散型集体活动，或者将高架桥下线型空间设置成以晨跑或骑行为主要活动内容的桥阴绿道，场地足够大时则可以考虑开展足球等大型体育活动。

三、按环境需求特点分

不同的游憩活动需要不同的游憩空间，对桥阴设施和景观的要求也各有不同。将桥阴内休闲者的活动类型按环境需求特点分，可分为移动型活动、空间固定型活动和空间随意型活动。

1. 移动型活动空间

如跑步、散步等随时移动的活动，此类活动所需单体空间面积较小，但总体活动范围较大或距离较远。一般在高架桥两旁绿化较好的地方设置散步道或跑步道，还有自行车骑行道布置在线型桥阴空间内。

2. 固定型活动空间

固定型活动指如广场舞、踢毽子、下棋等活动空间相对固定的活动，此类活动所需空间有大小之别，如广场舞、广播操、踢毽子等就需要相对较大面积的活动场地，而下棋、打牌、看报等活动所需空间面积相对较小。可根据高架桥所处位置与周边环境因地制宜地开展活动。

3. 随意型活动空间

随意型活动指聊天等既可移动也可固定的活动，实际空间利用方式由利用者自行决定，对空间没有特殊要求，但一般会选择环境较好的空间。儿童游乐需要方便到达的公共空间，娱乐设施较齐全，安全有保障；演奏乐器、集体跳舞活动可在交通便利的附属空间的树荫下进行，人气足，比较热闹，形状规则，场地开阔。周边环境较开阔、绿化较好的高架桥下空间更有优势。由此不难看出，不同的活动类型需要不同类型的活动空间，活动空间应满足不同类型活动的需求。

第三节　桥下游赏空间及景观的问题及解决

一、桥下游赏空间及景观的问题

1. 桥下游人的环境行为心理问题

心理学家 H. M. Proshansky 认为人只是整体环境的一个组成要素，并与其他各要素之间有着一定联系。丘吉尔也认为环境与人之间是相互作用、相互影响的(李道增，1999)。高架桥上车辆行驶产生噪声和震动，以及尾气、灰尘等，较差的空气质量对游人心理产生较大的负面影响，易使人产生焦虑和不安全感。场地设计可以借用植物与水体等自然要素缓解恶劣的交通环境。同时道路类的游赏空间环境营造要尽量能够使游人感到环境的归属感，从而体现环境空间的人性化。

2. 出入口设置问题

桥下空间出入口的数量太多会影响交通，太少则不便于到达，其数量与位置应根据实际情况合理设置。还应保证人行道与出入口视线安全，道路绿化环境要保证车辆不影响行人安全。

3. 桥下游赏路线及布局问题

桥下游赏路线的布置与桥下空间形态有关。较窄的带状空间主要以直线的单行道为主，呈线状或鱼骨状，多回头路，游赏感受较差；较大的面状空

间则可以按照公园的游线布置方法来布局，呈波浪状或环状，以增加空间丰富度与趣味性，但此类桥下空间多与其他周边环境相连，在主城区较为少见。

4. 桥下游人的健康问题

高架桥桥下空间被高密度的车行交通包围，颗粒物与灰尘浓度大，恶劣的空气质量影响桥下游人的身体健康。

5. 服务设施问题

高架桥桥下空间服务设施的低性价比，与相对能够带来经济增长的市政设施相比，几乎已经被建设和规划忽略（克莱尔·库珀·马库斯等，2001）。目前高架桥桥下空间较多被动无管理地利用，如挡雨、纳凉等，供游人使用的基础服务设施十分匮乏，使得该空间利用率低。

二、桥下游赏空间及景观建议

1. 增加照明

照明设计是繁华都市中必不可缺的一项重要元素。城市高架桥桥下灯光点亮了高架桥桥下剩余空间，同时可以产生变幻的光感照明。在设计中要坚持选择合适、合情、节能的光，得到温馨的光的原则，更加强调个性化、文脉化及针对性。

2. 增加色彩

在构成城市环境特征的各个因素中，城市色彩凭借其"城市第一视觉"的特性成为创建和谐城市、管理城市形象、树立城市个性、提升城市竞争力的重要构成因素。

城市高架桥桥下剩余空间色彩增加设计要遵循传承地域特色文化、表达地域个性特征、展示现代城市形象这 3 个主题原则，以城市自然景观色彩为参考，结合人文色彩特征，把握未来色彩发展动向，进行科学有效的设计，使城市整体景观环境各要素的色彩和谐统一。

3. 适当增加必要的城市家具

城市家具就是指城市中的各种户外公共设施。城市家具虽然没有建筑物体量大，但却是城市环境和城市景观的重要组成部分，是城市文化的组成部分，体现了一个城市的文化细节。

在城市高架桥桥下剩余空间家具设计中，要注意几个方面的问题。

①设计要与城市环境匹配，城市家具选择上要彼此风格统一。比如在一条高架桥下的街道上，路灯、候车亭、垃圾箱、座椅等城市家具出现四五种不同的造型和风格，这种“混搭”的效果会显得杂乱无章。

②注重对使用者的人性关怀，比如现在城市家具的使用者层面不断扩大，有老人、小孩、孕妇以及残疾人，要注重在其周围适当设置可供休息的座椅。

4. 优化植物种植

桥下绿化处理是高架桥桥下等城市剩余空间景观营建的常用手法，但最为普遍的做法是将多种阴生植物种植于桥下各个空间角落，任其生长。这既浪费了植物资源，又没有起到美化景观的效果。合理选择植物，遵循因需分配的原则。

①光照条件：依据桥下空间位置及净空高矮的不同，合理选择稍耐阴或喜光的植物，丰富植物景观。

②色彩搭配：由于桥下光线较暗，且材质多为灰色混凝土，极为单一，可适当挑选颜色较浅的植物以增加视觉上的明亮感，用多层次、多色彩、多质感的植物区别搭配，营造丰富的绿化景观。

③抗性选择：道路绿化多选择抗性较强的植物，尽量采用有革质光滑叶片的植物做基础种植，定期喷洒叶面以维护其清洁。尽量避免大量堆砌植物的情况，优化资源配置，丰富景观功能。

5. 加强规划意识

在高架桥规划与设计之初，一并考虑桥下空间结合周边环境的合理利用，最大限度地服务于周边用地，将桥下空间的综合效益发挥到最大，则能有效避免人们对桥下空间的闲置或低效利用，利于进行消极景观的处理，从而激发空间活力，服务民众。

第四节　桥下游赏休闲利用及景观优秀案例解析

一、多伦多桥下公园

多伦多桥下公园位于加拿大多伦多市中心的 West Don Lands 地区，东大街—里士满与阿德莱德大街交会于立交桥下方。始建于 1971 年，翻新于 2006 年。桥下空间占地总面积约 1.05 hm^2，主体桥下净空高度平均为 6 m，桥墩形式为 T 形墩。

该处曾经是一片无人问津的荒废土地，在北美城市中纵横交错的高架路网之下，是人们视若无睹的灰色空间。也正是由于这些忽视与遗忘，导致其无法为相应区域的空间改善贡献任何价值。长久以来，多伦多水岸开发公司一直在尝试振兴这片滨水地带，让曾经的工业地带转化为极富活力的 West Don Lands 居民区。PSF studio 设计团队也抓住了这个机会，将位于东大街—里士满与阿德莱德大街交会处的立交桥的桥下空间从无人问津的负面地段，变为了社区所共享的宝贵资产。

改造前的场地正如所有这类废弃空间一般，因为普通民众的视而不见而充斥着违章停车与非法活动，潜在的安全隐患越发让人避之不及（图 5-4）。而如今，这个占地 1.05 hm^2 的桥下公园（图 5-5）已成为区域内最重要的两个公园之一，打通了 Corktown 公园、河滨广场以及高架路两侧社区的联系，在多伦多的东城建立起一个生机勃勃的完整社区公共公园空间，成了社区文化活动中心。本项目是著名的多伦多 West Don Lands 区域滨水空间复兴计划中不可或缺的重要部分，它以安全而充满生命力的公共空间联系起 Corktown 公园、河滨广场以及高架路两侧的社区，为周边住宅区的居民提供了一个安全、充满活力的公共空间。当前城市的人口数量与密度急速增长，开放空间被逐步挤压，而本项目证明了对于诸如桥下空间这种荒废地块的设计应极富远见，可为片区内的生活质量带来质的提升。

空间规划和活动区的布置考虑了立交桥的结构及其支撑立柱的位置。由于受到桥面的保护，桥下空间不受天气影响，公园内的休闲设施十分受欢

图 5-4 原先废弃、危险的桥下空间

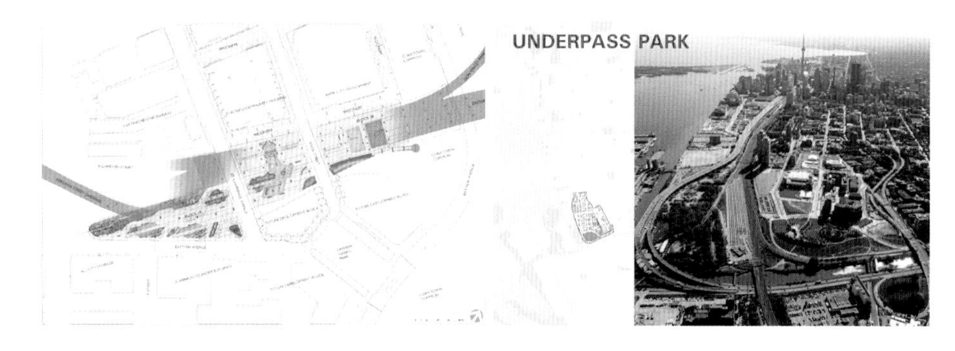

图 5-5 桥下公园平面图(左)、鸟瞰图(右)

迎,而暴露在外的空间则被设计师转化成了绿地。改造途径主要有以下几种。

1. 注入色彩与设置活动场所

通过添加形形色色的功能、颜色和新颖的景观元素,将生机和活力带到人们身边。本项目的成功归功于设计团队对现有空间支撑结构潜力的充分挖掘。上方延绵的道路造就了下方极富秩序与节奏感的状态,承重梁柱网格结构与内嵌的小型空间交替出现,桥下公园的空间结构与功能规划的最终确定也受到了这种略带历史气息的交通设施空间格局的影响。高架桥为桥下空间遮风挡雨,塑造出一片全年无休的活动场地,无论白天或夜晚,篮球、曲棍球、滑板等种种活动激活了公园空间,甚至在多伦多常见的极端天气状况下也不例外。环绕场地边缘与点缀在高架路间空地上的茂盛植被,将这片曾经充斥着毫无生气的灰色混凝土结构的棕地变为了绿意盎然的休闲场所，为场地带来了丰富的肌理与美好的勃勃生机（图 5-6）。

图 5-6 改造前和改造后桥下公园色彩、活动与植物应用

续图 5-6

2. 丰富竖向设计，增加休息设施和灯光

一道道蜿蜒的带状矮墙，为满足交通功能和多样化的活动需求，将公园划分为不同的活动区域，引导着人们穿行其中，并提供了休息的座椅。夜晚，长凳下方的灯光亮起，映照在木质的座椅之上，显得温暖而明快，与交通设施冰冷而沉重的质感产生了鲜明的对比。高低起伏、迂回曲折的低矮墙体为空间增添了不少趣味性，而伴其左右、繁盛生长的高茎草丛与本土植被则为这片城市中心的公共空间带来了一些野趣。儿童游戏设施则为整个空间带来了更丰富的色彩、形式与功能。

改造策略中最引人注目的一点当属场地中兼具艺术气息与实用性的灯光设计。夜晚，略显夸张的明快色彩映照在延绵的柱廊之上，赋予了这片场地与白天截然不同却仍不失吸引力的全新面貌，在丰富场地夜间空间体验的同时，还指引了路线，带来了安全感。色彩、排布形式不一的 LED 地灯增

加了照明系统的层次，也带来了变化无穷的视觉体验。夜晚的灯光效果在保证游客安全的同时，带来了奇妙的动态空间体验(图 5-7)，同时也有助于削弱上方厚重桥梁带给人的压迫感。公共艺术装置被放置在高架桥底部以呼应照明系统，由 Paul Raff Studio 创造的"海市蜃楼"占据了部分桥底空间，将公园中存在的一切倒映其中。这套镜面装置极具魅力，在白天折射着不断变化的自然光线，而在夜晚，明快而夸张的灯光亮起，仿佛在镜面中创造了一个迷幻的魔法空间。

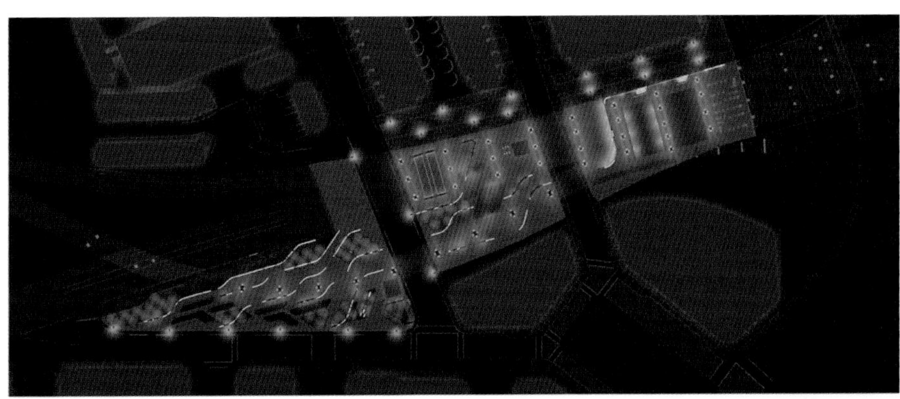

图 5-7 桥下灯光夜景观

3. 拥有丰富的活动设施并鼓励公众参与

通过多层次的功能规划、灵活的空间组织以及极具冲击力的灯光与公共艺术设计，桥下公园已经成为城市中独树一帜的公共空间，不仅能够为社区提供安全而宜人的外部空间，同时也成了城市居民休闲生活的目的地。这片兼具社区设施与城市舞台两种职责的公园也得到了无数艺术活动举办者的青睐，无论是自发性的表演、滑板活动、舞蹈演出，或是音乐视频和广告的拍摄皆在这里进行。

在管理部门的倡导与鼓励下，Street ARToronto、Mural Routes、Corktown Residents、Business Association 以及 Friends of the Pan Am Path 等多个艺术组织作为“先头部队”，用大量街头涂鸦覆盖了冰冷的混凝土桥墩，创造出一个独特而充满活力的城市艺术走廊（图 5-8）。明亮的色彩与风格多样的作品凸显了这片社区空间的参与性，仿佛呼吁每一位使用者都加入其中，携手合作促进这片公共空间的发展与转变。

图 5-8　桥下活动与涂鸦景观

桥下公园证明了通过有效的设计手段，城市中的废弃荒地将能够被转化，并完全融入城市肌理，成为城市开放空间系统的一部分。除了上述多样化的社区用途外，每日带孩子前来游玩嬉戏的父母，则是本次设计成功与价值最简单、直接的例证。随着城市密度的日益增加，从传统公共空间的角度

去寻找建设新型公园空间的难度也日益增加，挖掘无人问津的场地并赋予其活力和价值，让其成为公共领域中不可或缺的一部分是景观设计师最重要的职责之一。

二、北京市动物园路高架桥下游赏休闲空间

北京市动物园路高架桥南北纵穿于北京动物园东侧（图 5-9），覆盖动物园部分的高架桥长约 820 m，2007 年建成，为双向四车道，宽 18 m，通过动物园段桥下净空高度为 5～6 m。桥下空间与动物园的设施及游览活动融合紧密，从南到北分别经过猴山、狼圈、豪猪圈、熊科动物馆、猫科动物馆、休息与餐饮点。

图 5-9　动物园路段高架桥位置

桥下最南侧是猴山，四周由钢化玻璃封闭式围合，游路两侧的立柱以猴子雕塑装饰，既呼应场地主题，又起到拦路石的作用。狼圈与熊科动物馆之间有一段高于地平面近 1 m 的平台，有以狼为主题的各种姿态的雕塑，旁边提供休息座椅。

熊科动物馆由特色景墙起始，里面是一个较大的主题广场，桥墩上还有北极熊和棕熊“比高”的卡通画，中间有尺寸刻度(图 5-10)，在科普不同种类熊的体型的同时，还能让自己或孩子参与其中，量下身高，与熊比高增添了游园的趣味性。广场的北边有一大片旱溪，上面有各种形态和大小的熊的雕塑(图 5-11)。再往北走，高架桥西侧是熊山，东侧是北极熊馆，桥下很长一段都是道路，道路两侧的桥墩上仍然有很多“熊比高”的图画以及相关的科普展示牌，以趣味性的语言介绍各种熊的特点和生活习性。

图 5-10　熊馆旁的景墙和墩柱卡通画

图 5-11　北极熊馆旁的旱溪与石雕

(图片来源:秦凡凡拍摄)

往北是猫科动物馆，整体展示区分布于高架桥中线以东，西边缩进约 6 m 的通行道路，以橱窗的形式进行动物展示，二楼还设有室内展示馆。猫科

动物馆旁边到南长河岸也是餐饮与休息设施的集中地，有高架桥遮阴，旁边有河流，夏日环境凉爽舒适(图 5-12)。桥下配置的休息座椅很受欢迎，很多人在这里停歇休息、品尝小吃和饮料，其中大多是大人带小孩的家庭出行。

图 5-12　猫科动物馆和餐饮、休息处

三、郑州市大石桥桥下空间休闲利用

郑州市大石桥于 1994 年底“四桥一路”工程中建设，曾荣获中国建设工程最高奖——鲁班奖。位于金水区，在金水路与南阳路交会点，跨越金水河。金水路段为双向四车道，南阳路段为双向四车道，匝道为单向两车道。周边剧院、医院、学校等公共设施齐全，紧邻郑州市人民公园，居住区遍布区内(图 5-13)。

大石桥是郑州市最热闹的高架桥之一，为丰富市民的文化生活，河南电台戏曲广播娱乐 976、河南电视台新农村频道主办，河南锦绣梨园艺术团承办了“河南戏曲名家周末公益大戏台”——《大石桥有戏》，每个周日下午请名家表演、唱大戏(图 5-14)，越来越多的人周末有了新去处，到大石桥见名家、看大戏，都喜欢上了郑州市这张闻名省内外的文化名片。截至 2017 年年初，已经成功举办了 47 期，观众累计达近百万人次。

桥下戏曲现场总是人山人海，甚至常见爬树看戏的观众。“好多年了，都没见过这样爬树看戏的”，这是大石桥戏迷发出最多的感慨！于痴心戏迷而言，能在大石桥近距离观看戏曲名家们的演出，他们在感动中收获了浓浓的满足感。对现场那些艺术家来讲，朴实、热情、执着的戏迷也带给了他们

图 5-13　郑州大石桥位置及桥下使用情况

（图片来源：李文博，2015）

图 5-14　大石桥桥下戏曲演出场景

太多意想不到的感动。桥的东南角还有个老杂技馆，晚上的酒会表演也很精彩。

2017 年，由于郑州市地铁的修建，西侧最大的桥下附属空间被占用，戏

曲节目暂停，其他桥旁路段沿河绿化和景观面积有限，质量一般，但桥下日常休闲活动仍然很丰富，人气旺盛。附近的居民，尤其是老年人都自带折叠小板凳集中在桥下阴凉处、桥旁小游园里下象棋、打牌、围观、看报、喝茶等，还有租赁便携桌椅和茶水的流动摊铺，为人们提供便利(图 5-15)。

图 5-15　桥下日常休闲

(图片来源：秦凡凡拍摄)

四、成都市人南高架下空间游赏休闲利用

随着城市交通高速发展的迫切需求，成都市陆续修建了一系列高架桥工程，据不完全统计，全市至今共修建了 40 多座立交桥，包括 2002 年建成的三环路工程，2013 年正式通车的二环路高架桥和近些年来不断完善的一环路工程。成都市依托这 3 条环线与放射状干道形成了立体交叉的道路交通网络，有效缓解了主城区市民出行的交通压力。成都市高架桥与其底蕴深

厚的文化也相互巧妙融合，典型代表有：①沙湾路高架桥；②二环路高架北二段；③人南立交桥；④羊犀立交桥；⑤苏坡高架桥（图 5-16）等。

图 5-16　成都市高架桥桥下空间文化休闲代表区位图

成都市的高架桥桥下空间利用方式除去一般的城市道路交通与绿化市政设施外，多是与城市地域文化结合修建桥下园，如老成都民俗公园、川剧长廊等，尤其注重川蜀地方特色的发扬与传承，将古都文化转化成具象的景观符号，通过景观语言的方式表达出来，描绘了成都的文脉与底蕴。

人南立交桥位于成都市武侯区二环路与人民南路交叉口，处在成都市重要的中央商务区（CBD）之中，长 210 多米。2002 年，成都市武侯区政府利用其桥下附属空间建成了老成都民俗公园，正式对市民免费开放。2005 年再次进行修复改造，至此老成都民俗公园成为成都市乃至全国第一个利用城市高架桥桥下空间修建的，带有强烈地方文化特色的休闲公园，向民众展现着老成都的乡风民俗与历史文化，地域文化的保护与城市化进程这一矛盾在这里得到有机融合。

老成都民俗公园主要采用了绿化与休闲公园相结合的利用模式，兼有杂货、茶馆、艺术商城等商业形式。它以现代高架桥附属空间为依托，通过

雕塑、浮雕、彩绘等艺术手法，刻画出老成都的墙垣城楼、桥梁古渡、茶馆民居、会馆公所、老街小巷、寺庙古迹、方言谚语以及市井民风等。栩栩如生的雕塑，古色古韵的浮雕与诗词镌刻，诉说着老成都昔日的市井风情与古老城市的沧桑变化。

美国建筑学家 E. 沙里宁(Eero Saarinen)说："让我看看你的城市，我就能说出这个城市的居民在文化上追求的是什么。"成都市被誉为"休闲之都"，老成都民俗公园正传达了成都市民闲适安逸的生活气息，理所当然地受到周边居民的喜爱，大家把它看成一张记录成都市历史民俗生活的文化名片。这个巧妙利用城市立交桥桥下的闲置区位而开创的新型艺术展示场所，像一座凝聚千年历史文化的时间长廊，一点一滴说明着为何"成都是一座来了就不想离开的城市"。

1. 仿古老桥

古时成都有江城之称，大河小流穿城过，应运而生的是"江众多作桥"，长桥、短桥上百座，桥和水自然而然地构成了成都市的一大特色景观。在成都市，几乎每一座桥都有着自己的故事，这些桥静静地卧在河上，记录着成都市的历史，见证着成都市的变化，承载着成都市的未来。不过随着历史和城市的变迁，不少古桥原来的面貌已不复存在，老成都民俗公园就在老桥老街文化区中，以这些曾经有名的古桥为蓝本，修建了 9 座仿古青石小桥(图 5-17)，多为 1～2 m 宽，尺度相对较小，这些微缩景桥再现了成都万里桥、磨子桥、青石桥、卧龙桥、驷马桥等历史悠久的老桥，向人们讲述着老成都的故事。

图 5-17　成都人南立交桥下的"桥"

(图片来源：杨茜拍摄)

2. 桥墩浮雕

桥下墩柱上雕刻的反映街巷文化的浅灰色水泥浮雕，描绘了鼓楼街、桂王桥街、暑袜街、府南街、宽巷子、同仁路、古城墙、春熙路大舞台等几十幅场景，重现了成都老街、老建筑的风貌，勾起老成都人对曾经喧闹街巷的记忆。这些老街同老桥相互呼应，游人仿佛徜徉在老成都的市井风情之中，感受成都这座古老城市的沧桑变化。

3. 南门牌坊

成都老皇城其实是清代成都府科举的贡院，位于今四川省成都市的四川科技馆、天府广场一带。皇城外面的石牌坊，正中是“为国求贤”四字，为表达科举考试的宗旨，两旁的题字分别是“会昌”“建福”，寓意“会当兴盛隆昌”。在 20 世纪六七十年代，老皇城不幸被拆除，“为国求贤”的牌坊也随之消失。而在地理位置上，人民南路作为轴线连接了老皇城遗址与二环路，于是在与二环路交界的人南高架下重建了南门牌坊(图 5-18)。同样采用青石材质，遵循比例仿造四柱三间冲天柱式牌坊结构，由于桥下净高的限制，上方柱头高度和吻兽较原型稍做简化调整。

图 5-18　重现南门牌坊

4. 文化雕塑

公园内有 13 处 1∶1 大小的青铜人物雕塑群，雕塑选材于老成都市民生

活或某一熟悉的生活场景的瞬间，如拉大锯、推鸡公车、配钥匙、转糖画、唱竹琴、掏耳朵、看西洋镜、滚铁环、提茶壶、玩陀螺、斗鸡、打弹子、玩弹弓等。主桥跨下秦、汉、明、清时期的成都城池图，展示着成都 2 000 多年来的城市历史发展脉络(图 5-19)。两侧有画轴样式的老成都通鉴，以文字和图画的方式镌刻着老成都的民俗风情、民间俚语等内容，如喝盖碗茶、逛集市、坐滑竿、抬轿子、乘凉、娶媳妇、回娘家、看灯会等。主桥跨下细高的方形桥墩被装饰成飞檐翘角的墙柱，墙柱四面撰写有从南北朝至明清历代名家描写成都的诗文名篇，有李白、杜甫、刘禹锡、李商隐、陆游、苏轼、司马光、杨慎、杨燮等 23 位名家的诗文 32 篇。

图 5-19 桥下文化主题雕塑

(图片来源：杨茜拍摄)

五、广州市东濠涌高架桥桥下空间游赏休闲利用

广州市是一个河涌密布的城市，据统计，仅广州市中心城区就有河涌231条，总长913 km。但随着广州市现代化的不断发展，各条河涌附近的居民和企业产生的污水绝大部分未经处理就排入河中，每条河涌都是黑水横流、臭气熏天。直到2010年9月，为了迎接当年11月的亚运会，广州市的河涌整改才初具成效，其中东濠涌曾是广州市仅存的旧城护城河，两岸环境复杂、污染严重，是广州市治水工程的重要组成部分，也是整改的最著名的一条河涌。

东濠涌是珠江的一条天然支流，它发源于白云山的甘溪和文溪，入麓湖后在麓景路入地下暗河，经下塘西路至小北路，在北校场路附近转为明渠，沿越秀路一直南下，在江湾大酒店旁注入珠江，全长约5 km（路妍桢等，2016）。在东濠涌的环境整治中，借鉴了韩国清溪川的做法，引用处理后的珠江水作为东濠涌的水源，经过综合治理，通过采取雨污分流、净水补水、景观整饰等方法，恢复了河涌的原生态，在跨涌高架桥下建设两岸休闲带、绿化广场，种植大量湿地植物，创造亲水开放空间，涌畔建设了多个用汀步和小桥相连的滨水休闲广场，再造广州市“六脉通渠”的文化特色，游人和自行车爱好者都喜欢从此经过并逗留，堪称“一流的生态河涌绿色走廊”（李青等，2011）、“典范的亲水生态休闲文化走廊”。

东濠涌许多景观段落都位于广州市的高架桥底，这也恰恰就是东濠涌景观的独特之处。整条河涌沿线向自然、生态、开阔、便民4个方向规划，精心打造“绿文化、水文化、健康休闲生活文化、广府文化、桥文化、城墙文化”。尤其是桥文化段落的打造，着实改变了一直以来高架桥附近居民的生活状态。

东濠涌高架桥越秀桥段设置有叠水瀑布，并且在东濠涌岸边设置了一些亲水码头，把河涌堤岸整体下沉2.7 m，形成的高差将其与繁忙的道路相互隔离，同时使在高架下广场上活动的人们不会觉得很压抑。台阶中间的平台上种植了一些绿化植物，并配套花池设置一些休息设施，吸引市民在平台上停留。阳光照进桥下东濠涌的小溪边，自然置石的驳岸吸引了不少市

民走进桥下的东濠涌戏水玩耍(图 5-20)。

图 5-20 东濠涌高架桥桥下人们的休闲活动及景观

(图片来源:课题组拍摄)

第六章　城市高架桥下商业利用及景观

第一节　桥下商业利用的基本条件

城市高架桥下沿线空间的商业利用，顾名思义就是通过在高架桥下进行空间改造或加建构筑物，将原本在高架桥影响下的闲置场地转化为商业空间的优化利用形式。这种利用形式显著提高了城市土地的利用率，加强了桥下空间土地开发强度，且往往能带来较高的经济利益，是桥下沿线空间主要的利用形式之一。

商业利用主要涵盖大、中、小各类商店，餐馆，小规模的工厂，小型的事务所等类型的应用。可以发现，这些利用形式多面向各种小规模的经营活动或是对人流依赖程度较大的商业设施。由此，可以总结出桥下空间商业利用的两大优势，即较为低廉的土地成本与大量人流所产生的消费能力。而在欧美等国家，在高架桥沿线空间中还出现了音乐厅、学生活动中心、交通管理中心等相对复杂且具有一定规模的公共类建筑，这说明，在一定的技术手段支持下，桥下空间中的建筑同样可以负担起更复杂和广泛的功能。

一、高架桥结构

从高架桥本身结构来看，桥下商业利用对桥面形态、墩柱形式、桥阴净高与桥宽比三者都有相应的要求。

1. 桥面形态

高架桥桥面形态对桥下空间的利用有较大影响。线状延伸型形态可植入的商业规模有限，但是通达性更佳，人流更易到达；点状交会型与网络混合型形态在空间上对桥下活动的干扰较大，即使桥下空间较线状延伸型空间规模更大，但就使用率而言远不及后者。

此外，桥面设置有分离缝，对桥下采光更加有利，更易于桥下商业活动的开展。

2. 墩柱形式

墩柱将桥下空间在水平方向上分割出柱与柱之间的若干个小空间，在单柱式墩柱的高架桥下，往往可利用柱体本身来布置商业点，在双柱式墩柱的高架桥下，分隔的桥阴空间宽度较大，可供选择的商业类型更多。根据商铺建筑与高架桥原有结构关系的不同，可依据对墩柱的利用形式将其分为独立式、分隔式、围合式（陈梦椰，2015）（表 6-1）。

表 6-1　桥下商业布置对墩柱的利用形式

类型	独立式	分隔式	围合式
	不依附于墩柱单独存在	由墩柱分隔围合空间	墩柱与建筑柱网相结合
示意图	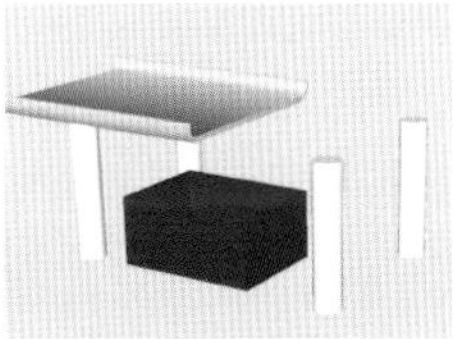	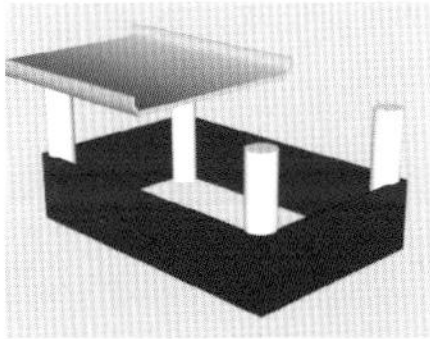	
利用实例	巴西圣保罗 Minhocão 高架桥	巴黎高架桥艺术长廊商业街	日本中目黑高架桥
实景图片			

（表格来源：杨茜整理绘制）

3. 桥阴净高与桥宽比

桥阴净高与桥宽比（B/H）决定了桥下空间给人的心理感受。若桥下净空高度较高，空间较为通透开放，给人轻松明快的感受；反之，空间较为压抑，造成压迫感，不利于商业活动的开展。

当桥面较宽时，桥下商业利用的方式较多，包括进深较大的综合商业区以及商业楼等，但同时被遮挡的范围较大，会产生一定的压迫感。当桥面较窄时，会显得较为轻盈，但可利用的商业类型相对较少。

二、桥下空间利用形式

从改造建设形式上看，商业利用可以分为独立式和结合式两种（张文超，2012）。

1. 独立式商业利用

独立式商业利用是指完全脱开高架桥本体及其附属建筑物而存在，以建筑的形式将原本的室外空间转化为内部商业空间的优化利用形式。其核心特点就是建筑的承重结构及外围护体系是独立于高架桥及其附属构筑物之外的，这使得其内部商业空间受到高架桥的影响最小，一般除了建筑处于桥下的部分受到高度的限制外，平面、立面形式都相对自由。

同时由于顶面独立于桥身，垂直围护结构也不必与墩柱发生关系，高架桥运行时产生的噪声、震动等可以得到有效的隔离与缓解，对建筑物内室内空间的影响可以降到最低，是目前国内外桥下空间利用形式中最普遍也是最简单的一种。

比较典型的是日本下北泽站高架桥桥下的“鸟笼”临时改造项目——一个占地大约 200 m^2、高 6.5 m 的铁笼（图 6-1）。平时是个公园，每周有二手集市，偶尔被整租下来放映电影，逐渐成为青年文化活跃之地（图 6-2）。

与此同时，虽然独立式商业利用形式适用范围广，受高架桥负面影响小，但是也存在自身的一些缺陷。首先是建筑与高架桥的协调性一般较差。对于大量存在的小型的独立建筑，很难投入大量的财力与人力进行深入的造型比选与立面研究，容易与高架桥本体产生不协调的景观效果。特别是在一些地区已经出现的在高架桥下随意加建的小型商业建筑设施，严重破坏了高架桥区间沿线空间的完整性，虽然带来了一定的经济效益，却对高架桥景观产生巨大的负面影响。

因此，在桥下空间中进行独立式商业的利用时，应该以大中型建筑为主，或是呈族群形态的小型建筑，以方便进行设计与投入，同时与高架桥巨大的体量形成合宜的对比效果。

图 6-1　日本神奈川高架下的“下北泽鸟笼”

（图片来源：http://www.sohu.com/a/128579664_465303）

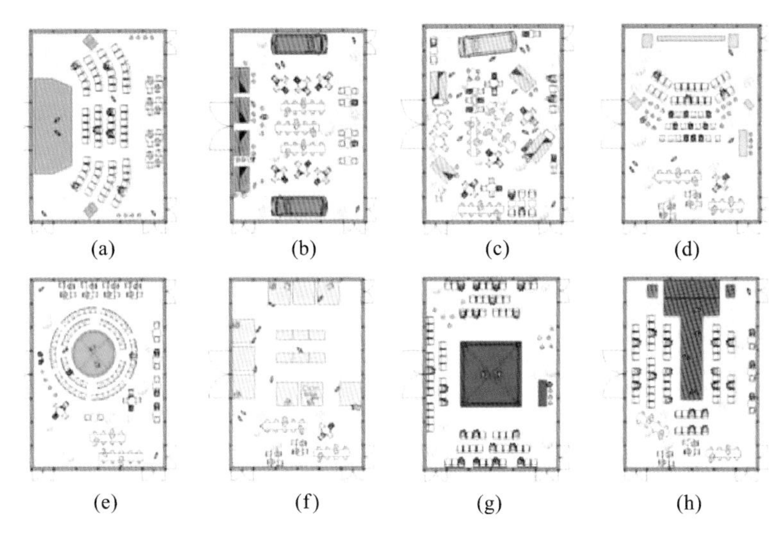

图 6-2　“下北泽鸟笼”中不同的商业布局形式

(a)剧院；(b)市场 1；(c)市场 2；(d)电影院；(e)圆形舞台；(f)街市；(g)拳击场；(h)T 台

（图片来源：http://www.sohu.com/a/128579664_465303）

2. 结合式商业利用

结合式商业利用与独立式商业利用最大的不同之处，就是在这类优化利用形式中，高架桥下沿线空间中加建的建筑物的承重结构或外围护体系借用或部分借用了高架桥本身及其附属构筑物。

该类利用形式最具有代表性的例子莫过于日本秋叶原商业中心的高架桥桥下的空间利用(图 6-3)，其利用原本的桥洞结构，商铺只需在两侧增加两个立面，而顶面空间和剩余的两个立面都直接借用了高架桥的墩柱与桥身，既节省了成本，又创造了一个极具特色和活力的城市街面，是结合式利用形式的优秀范例。

图 6-3　日本秋叶原商业中心的桥下商业空间

(图片来源：https://www.douban.com/note/584752347/)

还有东京新宿的高架桥，其外观形式极具艺术气息，绵延伸展达到几千米。不管是与高架桥本体结构的结合，还是立面的虚实对比和色彩搭配，以至广告招贴的设计，都可以成功地吸引过路行人的目光，是集约化利用城市土地、激活消极空间、营造宜人的都市气氛的优秀案例(图 6-4)。

这种形式相对于独立式更有利于各类小型商业建筑在桥下空间中的应用。这样既可以减少投入，进而降低营业的成本，活化沿线空间的商业气氛，还能保持高架桥在空间中的主体地位，不会因沿线商业设施的出现造成沿线空间出现杂乱无章之感。

图 6-4　东京新宿高架桥下的商业街

（图片来源：http://blog.sina.com.cn/s/blog_4acf0a9701008hde.html）

从功能上分析，对于桥下空间的商业类利用，其首要问题就是如何解决商业与高架桥桥下空间结合带来的不良效果。就噪声、震动而言，对结合式商业建筑空间的影响远远大于独立式的空间，直接影响了植入商业的类型和空间布局形式。

其次是如何与高架桥充分融合。独立式商业建筑空间往往由模块化形态的构筑群组成，与桥体本身结合较差，但具有较高的灵活性，适合于流动性较大的商业形式。而结合式利用方式需要商业空间与桥体本身的构件能够相互协调，如何巧妙利用高架桥的本体构件，形成富于韵律感的界面和支撑体系，是这类改造利用成功与否的关键问题。

最后是商业氛围的空间感受。独立式布局不受桥体净空高度的限制，可以最大限度地兼顾商业空间的通风、采光等要素，协调 B/H 值，以增强空间的通透性。结合式建筑则会显著降低桥下空间的通透感，在利用时既要丰富美化其立面，又要注意疏密结合，避免形成单调冗长的街面形式。

综上所述，独立式商业利用形式适用于布局灵活的小型商业服务类建筑，在一定技术手段的支持下也可以用于大型商业类型。结合式商业利用形式相对于独立式的应用，其适应范围更宽广，但是受桥体影响也更大，故而对建筑设计和施工的要求也会有所提高。

三、交通环境

便捷的交通是商业形成的前提，是提升商业活力的保证。合理的布局使人流与环境结合，使周边的交通能为商业所用。在周边地区交通条件一定的情况下，每个商业网点的建设规模都有其上限，换言之，商业网点的最大试建规模与周边交通供给条件呈正比关系，通达性越好的区域，商业网点试建规模的上限值越大（丘银英等，2006）。

高架桥桥下空间的商业类利用有两大优势，即较为低廉的土地成本与轨道交通线承载大量人流所产生的消费能力。若桥下商业空间同时兼顾一部分停车功能，无疑增加了商业网点的人流，是吸引消费者的一大诱因（图 6-5）。

图 6-5　东京新宿高架桥下的停车场

（图片来源：http://blog.sina.com.cn/s/blog_4acf0a9701008hde.html）

桥下商业针对的主体人群活动方式仍是以慢行为主，应根据人的活动路径来确定主要的流线。虽然桥下空间较为狭窄，但对于商业利用而言，内部交通以循环路线为佳，可结合两侧可利用的公共空间，将桥下商业空间与城市空间协调统一利用。

第二节　桥下商业利用的基本形式

一、平面形式

高架桥桥下空间优化利用是我国一个亟待解决的问题，关键在于如何“缝合”被城市高架桥分割的城市空间。现有的大多数商业建筑类利用方案中，为了能够充分地利用有限的土地资源，多采用满铺的形式，将桥下空间完全占据，形成连绵均质的建筑空间。然而这在事实上更强化了高架桥的分割作用，使高架桥两侧的城市空间更加疏远。同时两侧布置的人行道也容易与沿线的机动车道路相互干扰，降低了此处商业空间的可达性。因此，若将沿线空间中的建筑朝向反置，使高架桥下形成一条统一的内街，可以更有效地联系高架桥两侧的城市空间。同时也使得内部人行空间更为舒适宜人，避免其与机动车道之间的干扰。通过这样的设计，与高架桥两侧城区中人的生活相结合，也减少了由于高架桥的出现对城市空间造成的割裂感（张文超，2012）（图 6-6）。

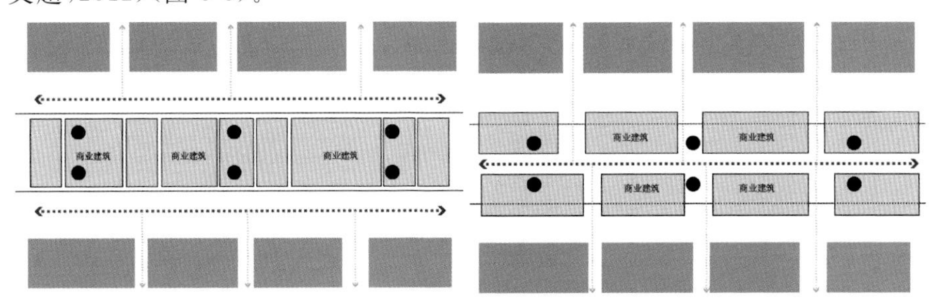

图 6-6　桥下商业利用中的商铺布局形式（左图为传统做法；右图为改造后）

（图片来源：杨茜绘制）

二、立面形式

在商业利用的立面设计中，最值得设计师认真考虑的部分，应该是构筑物立面与高架桥本体墩柱及桥身的结合。我们以比较成功的神田万世桥改造为例。该项目在废弃的万世桥站原址上完工，在保持了原车站最大特色，即红砖外立面和建筑主要结构的基础上，对车站内部，也就是原来的铁道高架桥下空间，进行了全方位改造。改造后，餐饮店、画廊、纪念品专卖店等 17 家新店铺入驻。具有未来感的设计使得这里自开业以来，就成了东京市居民和外来游客的新宠（图 6-7）。

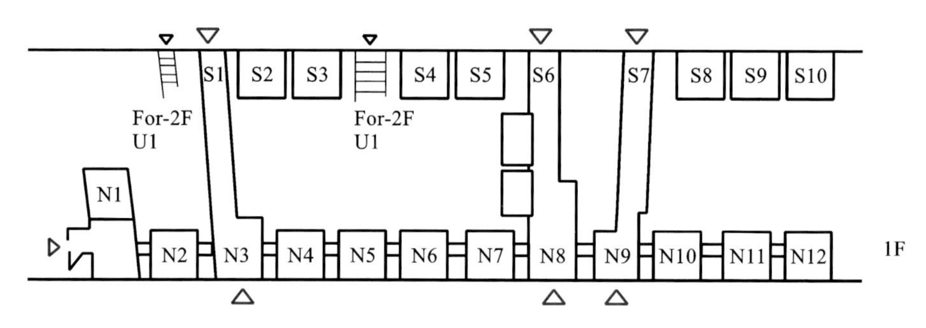

图 6-7　新万世桥下商业平面布局图

（图片来源：杨茜绘制）

该类改造设计有几个一般性的规律。首先是近地空间氛围的塑造应以通透感为主。高架桥作为一种具有时代感的建筑，其空间氛围的营造也应具有现代的气息。玻璃与金属框架的材质可以很好地诠释人们对于现代城市空间的感受，同时通透的流动空间设计可以减少高架桥巨大的本体对周边空间造成的压抑感。

其次是人性化的尺度分割。高架桥自身动辄 30～50 m 的跨度在给人使用的建筑空间中十分少见，其 7～14 m 的高度也容易给人压迫感，故此，将高架桥超人的尺度进行有效的分割，使其拥有更人性化的尺度，是立面设计中另外一个重要的任务。参考新万世桥的案例，可以认为在商业类改造中，跨度尺寸应控制在合适的尺度，而高度的控制问题可以通过材质的转换和装饰纹理设计来解决（图 6-8）。

图 6-8　新万世桥下利用玻璃与金属框架材质来增加空间通透感及人性化尺度空间

(图片来源:zh-hans. japantravel. com)

最后一点是在进行商业类利用的高架桥下,桥梁的墩柱和桥身宜采用相对简单完整的形式(图 6-9),如柱型可使用宝石型柱等本身极具观赏性的墩柱形式,否则可能会造成高架桥与加建建筑物之间的不协调。

图 6-9　新万世桥下商业利用中保留及加建的墩柱形式

(图片来源:zh-hans. japantravel. com)

三、业态形式

1. 简易市场形式

市场由一个个简易搭建的摊位组成，规模大小不等，摊位可方便拆卸，根据市场需求再进行重新组合。例如台湾省台北市的一些高架桥下，在平日只是安静的停车场，到了周末就会成为繁荣的花市；宜兰东港陆桥下，白天是菜市场，夜晚则是喧闹的夜市（图 6-10）。根据当地人的不同需求，同样的桥下空间能够在不同时段植入不同的功能，为市民营造一个自由化的公共商业空间。同时，类似于欧美等西方国家兴起的跳蚤市场形式，在高架桥下也存在（图 6-11）。

图 6-10　高架桥桥下的花市与观光夜市

（图片来源：http://tw.haiwainet.cn/n/2015/0922/c232620-29188985.html）

2. 综合商业街形式

在保证高架桥桥下空间高度与宽度的比值，也就是 B/H 值合理的情况下，可以增设小型商业性建筑，形成界面，构成封闭的空间，营造相对轻松安静的购物氛围，以便带动城市局部的商业活动（郑园园，2017）。若是在较为狭窄的桥下空间，可以植入餐饮等占地空间较小的商业类型，利用桥旁空间充当行进通道，桥下形成连续对外的长街形式。

在寸土寸金的日本，桥下商业空间的利用是世界范围内的杰出代表。为了解决商业店面不足的问题，日本对桥下空间进行了改造和利用，将其建设成商业长廊，塑造为有效的城市商业空间。桥下的商业店面处理得整齐

图 6-11 美国爱达荷州华莱士高速公路下的跳蚤市场

(图片来源:visitnorthidaho.com/event/under-the-freeway-flea-market/)

协调,不仅避免了卫生问题和安全隐患,同时也降低了高架桥对城市景观的破坏。日本高架桥下的商业种类繁多,是重要的购物场所和城市景观,相比原先单纯的交通功能,丰富了高架桥的使用性质,同时更加人性化(王莲霆,2017)。例如"2k540"职人街(图 6-12),位于秋叶原站—御徒町站铁道高架桥下。"2k540"职人街结合了商铺店面和作坊形式,有包括木雕、金工、陶瓷器、草木染等十几个品牌的店铺,每间店都是相关领域极具水准的设计工坊。散发着性感与美感的职人街聚集了大批传统手工艺人,旨在传承社区传统手艺,支撑国家产业的发展(图 6-13)。2016 年,日本优良设计奖——为未来而设计奖,也颁给了通过不同形状、不同样式错落组合以节约空间的商业设施,尤其适用于桥下商业街中不同商业空间的组合(图 6-14)。

综上所述,商业类的利用形式可以显著提高高架桥下空间土地的价值,使开发者获得直接的经济收益。对于私人投资者,特别是中小型投资者,这种模式利于激励他们参与对桥下闲置空间的开发利用,减少政府和交通运

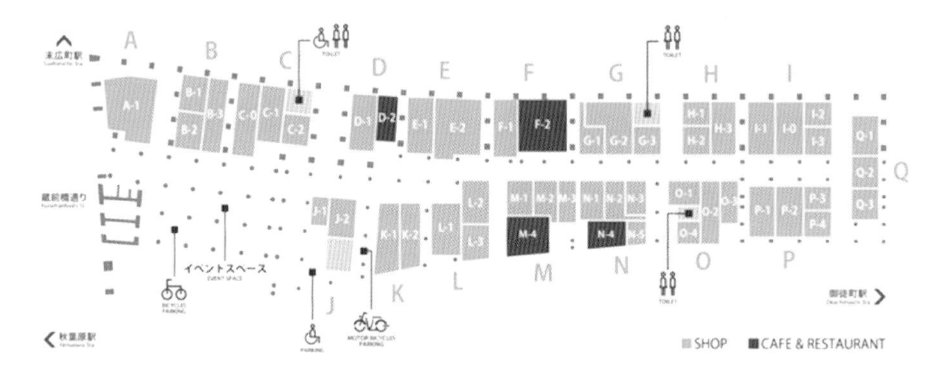

图 6-12 “2k540”职人街平面图

（图片来源：http://www.jrtk.jp/2 k540/）

图 6-13 手工艺作坊

（图片来源：http://www.jrtk.jp/2 k540/）

图 6-14 获 2016 年日本 G-Mark 设计奖的桥下商业设施

（图片来源：http://www.shejipi.com/133234.html）

营公司的资金压力。但是这种模式下建成的商业建筑随着周边市区的不断发展和功能的不断完善,其竞争力有可能会逐渐下降,最终反而成为城市中的负面因素。

因此在推动商业类利用时,一定要保持一定比例的开敞空间,对其规模做出一定的限制,使桥下空间的功能能够顺利地随着城市的发展而做出相应的转变。

第三节 桥下商业利用空间及景观的问题及解决方式

绵延较长的桥下商业街能够高效集约地利用空间调节商业气氛,避免卫生和安全死角的出现,能将桥下空间转化成有趣和新奇的场所,形成独具一格的城市商业景观。但是高架桥带来的负面效应也同样严重影响桥下的商业景观环境和使用体验。高架桥本身带给街道的巨大阴影,使人们总是处于一种紧张躲避的心理状态之中,破坏了购物休闲的景观环境,同时也缺少可供停留休息的场所。可以通过以下几个方式来提升桥下商业空间利用率和空间景观品质。

1. 与周边环境的联动

若高架桥下部空间的基面为自然地形或者高差起伏较大,例如山城重庆洪崖洞滨江高架桥桥下空间(图 6-15),没有与城市道路直接连接,此时进入桥下商业空间必须设置专门途径,通过垂直电梯或附近其他悬挂扶梯进行连接,以提高空间的可达性。若桥下空间与城市道路有直接联系,或者自身就承担了城市道路功能,为人群集中活动提供前提条件,则在进行桥下空间商业活动时就具备了优势。此外,在对商业利用空间进行选址和设计进入途径时,都应避免对周边道路交通的干扰。

2. 商业氛围的营造

高架桥严重影响下方的商业景观环境,因此可将其改建成为“软性”商业环境。“软性”商业环境是指围绕商业建筑的外部公共活动空间,具有更

图 6-15　重庆洪崖洞滨江高架桥桥下空间与周边商圈存在 40 m 高差

（图片来源：杨茜拍摄）

多的不确定性和可变性，人们在此的交往活动更加无拘无束。因此，可采用具有围合感、层次丰富的开敞空间，把商业活动从内部延伸到外部空间。

桥下商业建筑之间相互呼应，共同围合、限定开敞空间。店铺均面向外部空间，彼此相连，形成连续的界面，增强开敞空间的围合感。强调外部空间系统的作用，实现系统的整体性、连续性、层次性。完整封闭的开放空间、连续规整的围合界面将为人们在桥下的商业活动提供更多的逗留空间，从而提高整体商业空间的活力（任兰滨，2005）。

若周边存在商圈，可将桥下商业与之联系起来，形成整体的商业空间，削弱高架桥构筑物对两侧商业交流的干扰。例如在有乐町站铁道高架桥下的餐馆街，是桥下商业街形式的典型（图 6-16）。虽然桥下空间十分有限，但

图 6-16　有乐町站铁道高架桥下的餐馆街

（图片来源：https://www.thepaper.cn/newsDetail_forward_1762363）

简易的招牌悬挂在桥梁侧面，配合灯光形成协调统一的界面，与对面商业店铺共同构成受人欢迎的开放空间，经过数十年的发展，不断累积的手艺和人气使得这里成为颇具人气的商业场所。

3. 光线

光线是桥下空间商业化利用的关键因素，由于桥板的覆盖，占地较大的桥下空间光线往往并不充足，不能满足人们购物休闲的户外活动要求。类似于大型商业空间的夜景照明规划，桥下商业空间在白天时也需要补充照明（图 6-17）。

通过合适的景观设计，可以将其劣势转化为优势，灯光景观不仅仅在夜晚才能被感受，需充分营造独特的商业氛围和休闲氛围，同时也需要合理设置休闲平台、简易服务设施以及必要的引导标识，为人们提供舒适的购物休闲场所。

图 6-17　成都市人南立交桥桥下商业街内照明

（图片来源：杨茜拍摄）

第四节　桥下商业利用空间及景观优秀案例解析

一、中国台湾省某高架桥桥下假日市场

中国台湾省台北市某高架桥桥下假日市场包括假日花市和假日玉市。假日花市简称花市，位于台北市信义路至仁爱路之间的高架桥下。济南路至仁爱路间另设有假日玉市，与假日花市相望，紧邻号称台北市最大的大安森林公园。花市平时于周六、周日两日营业，集中开放，由台北市周边县市各地而来的园艺人士会集设摊，贩售植物与花艺相关用品（图 6-18），周一至周五则作为停车场。

图 6-18　高架桥桥下花市

(图片来源:刘志慧拍摄)

台湾古玩店蓬勃发展,就台北市而言就有超过 100 家。假日玉市原位于光华商场旁,1989 年,因位于红砖道上影响交通,由光华商场迁移到济南路到仁爱路之间的高架桥下,更名为假日玉市,以假日市集形态出现。在北京的潘家园市集还未开业之前,假日玉市曾是东南亚最大的古董文物市集,规模大到有七八百个摊位。商品琳琅满目,主要经营翡翠、白玉及古玉、水晶、玛瑙、珍珠、金银饰、印材、石雕、竹木牙角雕、宗教法器、西亚银器及各类其他宝石、古董艺术品等,五花八门、琳琅满目,还有锦盒、木座和古董文物相关书籍贩卖。其中以传统的玉器及宗教文物为最大宗,此外,天珠、珍珠、珊瑚、玛瑙等人们喜爱的各式珠宝饰品也不在少数,除了欣赏不同漂亮璀璨的玉石外,每件玉石的雕工也各有千秋,可以说是一座开放式的半宝石博物馆,吸引了无数游客来此朝圣与挖宝(图 6-19)。如今生意虽有下滑,但规模

图 6-19　台湾某高架桥桥下玉市

（图片来源：刘志慧拍摄）

仍在，每到假日依旧游人不减。

为了避免市民鉴赏力不够，买到假货或者是与摊主发生买卖纠纷，台湾玉石协进会设置专门的服务台，买卖的玉器皆可帮忙鉴定，也可帮忙调解纠纷。同时玉石协进会也会不定期在此举办各类玉器文物展，介绍中国历代的玉石或宗教中的佛像雕塑等，这座台湾最大的玉石市集是国内高架桥桥下商业利用的典型代表，同时也背负着承接传统文化的使命[①]。

二、日本中目黑高架桥

2016 年 11 月 22 日，在东京市新开业的中目黑高架桥桥下商业区

① http://www.taiwandao.tw/wiki/index.php?doc-view-1326.html。

(图 6-20),成功利用长期封锁的东急东横线和日比谷线下全长约 700 m 的狭窄空地,以中目黑站为起点,往代官山站方向共新设 6 间商铺,往祐天寺站方向共新设 24 家商铺,汇集了日本最美书店、咖啡厅、餐厅、服饰店等多元化人气元素,极大程度上颠覆了人们对一般高架桥桥下空间的想象。在传统商业受到网络购物的冲击,传统商业整体不景气的时代背景下,东急开发的中目黑高架桥桥下商业成为东京市最亮眼的新商业代表,获得 2017 年日本设计界最高荣誉 Good Design 奖,成为名副其实的史上最杰出的桥下商业空间项目之一。

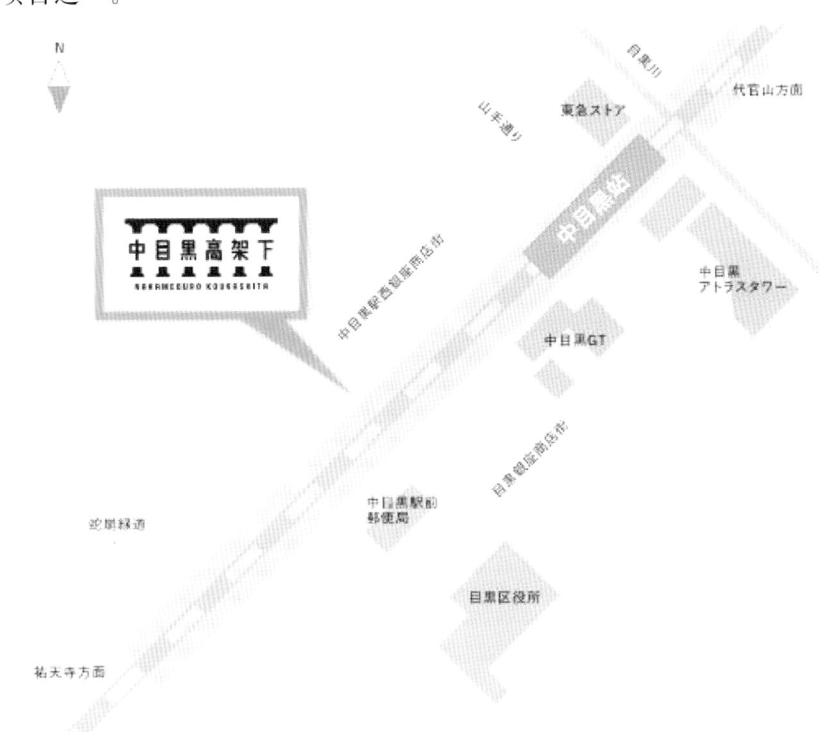

图 6-20　日本中目黑高架桥位置与周边设施

(图片来源:http://www.sohu.com/a/227102160_260595)

目黑区是东京市的高级区之一,中目黑泛指东急东横线与日比谷线交会的中目黑站周边区域,距离代官山、惠比寿只有一站的距离,到六本木、银座也只要约十分钟，交通非常方便，是东京人休闲聚会时最喜欢去的一处低调又时尚的潮流集中地。中目黑环境优雅，街道两旁林立着各类餐厅、咖啡厅、杂货店和甜点铺（图 6-21）。此外，目黑川两旁种了 800 多棵吉野樱，在樱花季时形成一条连绵 3 km 的樱花隧道，构筑成迷人的城市一景，近年在日本赏樱胜地排行榜上连续几年排名稳居第一。

图 6-21　中目黑高架桥桥下商铺改造空间

伴随中目黑站附近的铁道高架桥抗震加固工程以及东急东横线和东京地铁副都心线的直通运行的原站台延长工程建设，建设方对长期以来封闭

的高架桥桥下空间进行了开发利用。“中目黑高架下”项目将全长约700 m、占地约0.83 hm^2 的铁道高架桥定义为一个大屋顶，各种各样的特色店铺共享“同一个屋顶下”的空间，在这里人们开心共享“时间、空间、想法”，创造出新型商店模式，成为中目黑新特色文化的发源地。另外，“中目黑高架下”项目的开发丰富了排名东京赏樱名所第一的目黑川至佑天寺方向的步行空间，增加了周边城市公共空间商业街及绿道的回游性。

铁道高架桥桥下商业区的总建筑面积约0.36 hm^2，统一采用钢结构，用于包括店铺、办公、非机动车停放等用途。各种式样的店铺外部经过精心设计(图6-22)，店内空间各有特色，面对目黑川的各个店铺设计的开放室外用餐空间促进了内外空间的互动。支撑高架铁路的结构柱和结构墙采取了灵活的设计，通过照明亮化设计消除高架桥桥下空间的压抑感带来的负面影响，形成具有高级感的空间。独具匠心、各具特色的店铺展示空间和休憩空间模糊了步行空间和商业空间的界限，高架桥桥下商业融入了周围城市空间。

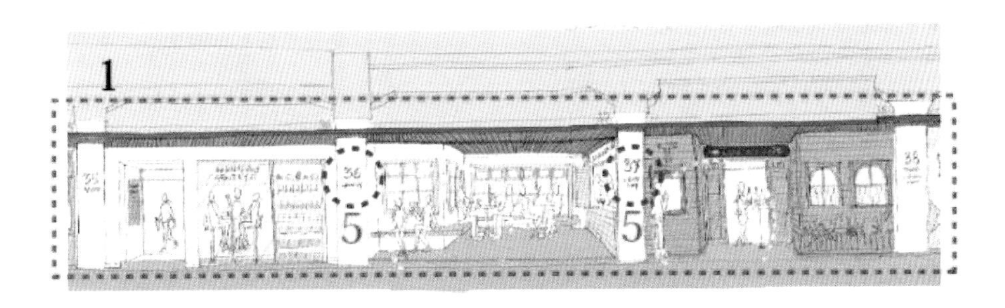

图6-22 桥下商铺的连续界面

(图片来源：http://www.sohu.com/a/227102160_260595)

“中目黑高架下”的店铺主要由特色店铺和地方原有店铺构成，设计最大限度尊重每个店铺的个性，并且尽量保留下来。在外观上通过连续性的屋顶设计，并融入中目黑的独有特色，使700多米的高架桥桥下商业街形成了一个整体，并和周围的城市空间充分保持协调。将高架桥桥下灰空间加以利用，创造出了具有活力的新型商业街(图6-23、图6-24)。

图 6-23　中目黑高架桥桥下空间改造前后对比

（图片来源：http://www.sohu.com/a/227102160_260595）

图 6-24　中目黑高架桥桥下的特色展示空间

（图片来源：www.g-mark.org/award/describe/45337? token=Jnpq6yr4oh）

三、巴西圣保罗市中心高架桥

几乎在所有的城市中，高架桥都是灰色大动脉，巴西圣保罗城市中心1971年建设的Minhocão高架桥也不例外，但在2016年，Triptyque景观公司与园艺师Guil Blanche合作改造了这个区域，为这个3 km长的片区带来了宜人的生机与活力。利用强健、耐光性能好、低维护的热带植物优化了环境，降低了二氧化碳污染。具体的措施是在高架桥的桥墩下、桥墩上、路面侧部和下部都布置植物，这些植物主要利用新设计的雨水收集系统收集的雨水而成活，可过滤20％的二氧化碳排放量。水的蒸发具有空气清洁作用，还可清洁桥面，为桥下空间创造良好的活动条件(图6-25)。

图6-25 Minhocão高架桥下良好的空间环境

(图片来源：www. gooood. hk/triptyque-revitalizes-3 km-of-urban-marquise-in-sao-paulo. htm)

同时，Minhocão高架桥采用线状延伸型桥面和中央单柱式墩柱，桥宽7 m，间距33 m的墩柱将桥下空间分成若干区块，这些区块被编号，并使用不同颜色以作区分(图6-26)。每个街区都有4个程序模块：文化、食品、服务和商店。模块尺寸有1.8 m×3.15 m、1.8 m×4.15 m和1.8 m×6.15 m等。模块之间包括生活休憩空间以及自行车停放空间(图6-27)。

图 6-26 Minhocão 高架桥下区块间的交叉口路标

（图片来源：www. gooood. hk/triptyque-revitalizes-3 km-of-urban-marquise-in-sao-paulo. htm）

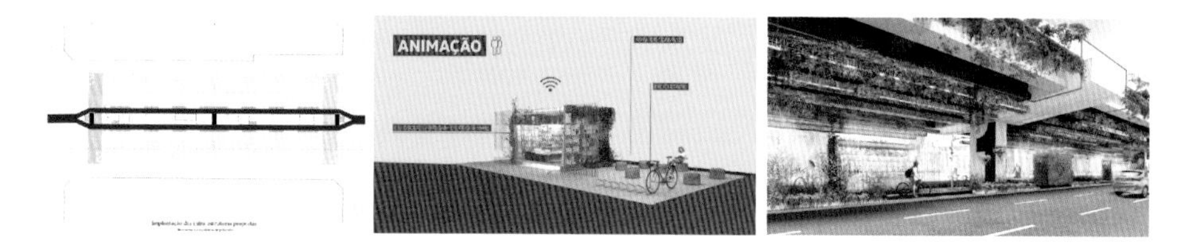

图 6-27 区块中的功能模块分布、装置与组合

（图片来源：www. gooood. hk/triptyque-revitalizes-3 km-of-urban-marquise-in-sao-paulo. htm）

四、法国巴黎十二区高架桥

位于巴黎十二区的高架桥艺术长廊是法国人最爱逛的艺术区之一。它如此成功，以至于得到纽约、苏黎世、伦敦等国际大城市的纷纷效仿。这里汇集了各种各样的艺术品店和小商店、咖啡厅，当然也有卓越的艺术家和设计师（图 6-28）。

1853 年，“巴黎 · 斯特拉斯堡”铁路公司建了一条铁路，终点站就是巴士底狱。1859 年，巴士底狱线建成通车（图 6-29），但在 1969 年，巴黎全区快速

图 6-28 巴黎高架桥桥下商业街

（图片来源：http://www.leviaducdesarts.com/fr/viaduc-361.html）

图 6-29 巴黎—巴士底狱高架桥通车时原有面貌

（图片来源：http://www.leviaducdesarts.com/fr/viaduc-361.html）

铁路网 A 号线建成后，停止了“巴士底狱线”的使用。在 20 世纪 80 年代初，巴黎决定修复这个地方，致力于保护这些工艺品艺术。1994 年第一个拱券启动施工，1997 年最后一个拱券完工，最后高架桥在建筑师 Patrick Berger 的帮助下于 1990 年至 2000 年间恢复。高架桥艺术长廊展示了巴黎的工艺和当代的创作，目前拥有 52 名工匠，他们在时装、设计、装饰、文化、艺术等各种专业中发挥才能。

充分利用拱券分隔出桥下空间，在高架桥末端设有楼梯（图 6-30），大部

图 6-30 作为交通通道的拱券以及末端的连接楼梯

（图片来源：http://www.leviaducdesarts.com/fr/viaduc-361.html）

分拱券之下都是表达当地卓越技艺的地方，同时也是一个生产、展示和销售的工作室。有的拱券则继续作为交通通道使用。这里的工匠热情洋溢，既可以保护和恢复遗产，也可以创新、设计和创造未来。同时这里也成功举办了研讨会，集展厅、餐厅、画廊及商店于一体，并且提供悠闲的散步和运动场所（图 6-31），充满了探索性、幻想和个性。

图 6-31 桥下艺术商业街步行空间与桥上运动场所

（图片来源：http://www.leviaducdesarts.com/fr/viaduc-361.html）

第七章　城市高架桥下运动休闲空间及景观

第一节　桥下运动休闲空间开发的条件及要求

一、现代生活中运动休闲的含义

以身体运动为手段来获取身心愉悦和健康的行为实质上就是一种休闲行为。这种休闲行为具有区别于其他休闲活动的特征，即它是以身体运动为主要内容和形式的休闲活动，其运动性非常鲜明。因此，休闲时代的“运动休闲”可以定义为“人们在余暇时间里自主选择参与的以身体运动为主要形式的休闲活动”(郑向敏等，2008)。

二、城市中的运动休闲空间

随着城市人口增加、社会竞争力加强、人口老龄化加剧等，现代城市居民迫切需要一个能够缓解紧张压力、调节放松的运动休闲空间环境，来获得健康快乐的生活，因此对城市运动休闲空间的需求量也越来越大。同时，城市可用土地面积逐年减少，城市用地越来越紧张，而现有的城市公共开放空间的数量远不能满足居民日常户外休闲活动的需要。为了创造更好的城市运动休闲空间场所及环境，提升城市居民的生活质量，需要对城市运动休闲空间进行深刻的研究，并开展相应的场地规划。

在时间上，双休日制度以及朝九晚六的上班作息制度提供了城市居民运动休闲活动的时间；在空间上，广大的风景园林、城市规划和建筑等专业人员正在努力创造出适合城市居民运动休闲的空间环境景观。将城市全民健身运动的主题引入城市运动休闲空间设计中，将景观学、生态学观念引入城市运动休闲空间景观环境设计中进行探讨，把城市运动休闲空间规划成既可进行体育训练和比赛，又可供居民进行健身运动和休息的人性化休闲空间（望晶晶，2016），从而创造出与整个城市和谐统一，具有特色魅力和可持续发展特色的城市运动休闲空间景观是我们目前迫切需要努力的方向。

发达国家相关的运动休闲公园逐渐走进大众的生活，从某一种专类运动公园到涵盖多种运动的综合性运动休闲公园，场地选取多种多样。而常被人们忽略的大量城市高架桥桥下空间，通过相应的改造设计，可以作为进行多种运动休闲活动的潜在空间，并表现出它独有的上层遮盖、专门线路、半开敞半围合等特征，可以创造出特色运动休闲空间。

三、城市中运动休闲空间建设的条件

城市居住区往往缺乏足够的体育场所，可在靠近居住区的高架桥下，根据周边环境差异，适当设置建筑型或开放型的体育活动场所，供周边居民使用。例如，广州市天河区奥林匹克中心附近的北环高速公路高架桥桥下的几家体育俱乐部，将桥下空间改造为足球场、篮球场、羽毛球场、溜冰场等，为周边的居民提供了足够而经济的活动场所。

（1）城市运动休闲空间环境景观构建中的规划与设计指导原则（望晶晶，2016）。从城市景观设计产业的蓬勃发展现状和我国大力发展全民健身运动政策的角度，对城市运动休闲空间景观进行合理布局。可将城市运动休闲空间规划设计选址原则分为两大部分（即选址和场地精神）。首先，在场地选址上首要考虑交通便利，以便于聚集人群，增加居民的参与度，从而得到更大的使用价值。其次，在场地精神上，要合理应用现有的景观，找到建设城市运动休闲设施的契机，并改造不良的景观建设用地，做出具体的实际状况分析。最后，将状况的分析结果与对策建议结合起来，概括出城市运动休闲空间景观构建中的具体规划设计指导原则。

（2）城市运动休闲空间环境景观构建中的空间构成条件。利用空间的

限定，对构建空间时出现的问题进行梳理，归纳为底物、边界、围合物、尺度、形状、轮廓六大类，根据景观设计实用与装饰的两重性原则，将景观类用具划分为设备与灯光两大类，通过具体实例来逐门进行功能细分。

(3) 城市运动休闲空间环境景观构建中趣味空间的生成条件。根据不同年龄段人群运动时的趣味性需求程度，将体育休闲空间为人们提供的娱乐氛围分儿童期、青年期、老年期进行研究，利用调查问卷法、专家访谈等方法，提出现状评价结果，同时利用文献资料和规范研究方法，阐述不同年龄段人群在城市运动休闲空间环境景观中的趣味表现程度。

四、桥下运动休闲空间开发的条件及要求

高架桥的修建首先是为了满足城市交通安全顺畅的需要，因而桥下运动休闲空间的景观营造也不得妨碍此基本点。本着交通优先的原则，在高架桥下附属空间的休闲运动景观营造中应注意以下两个方面的问题。

1. 避免视线遮挡

调研中我们发现，无论在哪个城市，在立交桥下俯视空间的景观营造中，均存在树叶密集的乔木遮挡行车视线的现象，这样非常容易造成交通事故。为了规避这一安全隐患，在营造立交桥下附属空间的景观时，应考虑必要的通视需求，并强化其对车行交通的视觉引导。以此为原则，可将植被按引导树、矮树和主树这三种类型结合，进行合理布置，匝道外侧的树要起到视觉引导的作用，分流端部的矮树以不遮挡行车视线为准绳，立交桥内部的空地可适当栽植乔木，而在合流区内应考虑通视需求，严禁植树。

2. 排除流线干扰

除视线的遮挡外，进入高架桥下场地的人流干扰也是影响车行交通，同时造成交通安全隐患的一大因素。尤其是在开放性立交桥下附属空间，为了将人流引入其中，往往存在行人穿越道路的情况，这种人、车混行的状况，不仅会影响车行交通的顺畅，同时也存在极大的安全隐患。因此在类似于开展运动休闲活动的开放性桥下空间的景观营造中应充分考虑立交桥所应满足的车行顺畅的需求，采用开辟地下通道、架设人行天桥或设置交通信号

灯等多种形式对人流、车流的穿越路径或是时序进行引导和控制，达到排除流线干扰、维系交通安全、消除安全隐患的目的。

要确保桥下空间的安全性和可达性。桥下运动休闲空间的建设以安全性和可达性为前提，确保高架桥运营期间桥梁结构本身的安全，确保高架桥周边的环境对市民的健康不会造成不利影响。立交桥下附属空间一般处于车行交通的包围之中，可达性较差。因此，必须选择一种合适的到达方式以及适当的穿越位置来引导人们进入可入式桥下空间（刘骏等，2007）。

在满足了安全性和可达性等硬性要求之后，立足当前的我国社会发展状况并借鉴国外优秀的改造及建设高架桥附属空间的经验，城市高架桥下运动空间的营造还应充分考虑以下几点构建原则。

1. 以人为本的原则

20 世纪 60 年代末兴起的“公众参与”城市设计思想主张关注居民生活，了解他们的需求。在快节奏的城市生活压力下，城市居民在生理和心理上都承受着压抑与被动的感受，运动休闲空间已然成为人们休闲放松的重要场所，其建设应充分关注人们的运动休闲需求，追求人性化设计。利用造景手法，既重视其运动的功效，又要追求运动休闲空间景观简洁而美观的艺术效果，并与城市高架桥下的空间特点相结合，合理布局，充分发挥其社会效益，使之成为都市中有机的组成部分和新的内容，创造更富有活力和亲和力的各类运动休闲空间。

2. 文化导向的原则

没有文化特色的空间是没有生命力的。城市高架桥下运动休闲空间的构建应充分与城市历史文化资源、地方民风民俗等地域特色文化相结合，使民众在较长时间的运动休闲活动中对该运动休闲空间蕴含的文化象征产生一定程度上的认同。

3. 可持续发展的原则

城市高架桥下运动休闲空间设计应尊重历史文化原貌、自然生态环境，以保证下一代的休闲质量。空间建设风格决不能简单盲目追求时尚，而应从城市的历史文化、发展需求出发，创造既能传承历史，又具有时代特征的

城市高架桥下运动休闲空间。

4. 多样化发展的原则

城市高架桥下运动休闲空间应针对不同人群的运动休闲偏好多样化发展，年龄、知识水平、对传统与现代运动形式的喜好、消费水平、时间成本等都应充分加以考虑。

5. 公正平等的原则

城市高架桥下运动休闲空间是面向全体市民的公共开放空间，每一个市民应该都能够找到适合自己特点的空间形式，这就要求在空间构建时要根据人口密度均衡布局，确保空间的平等性。此外，在进行高架桥下运动休闲空间构建时，应保障残障人士、外来务工人群等社会弱势群体的运动休闲活动权利，建设适合他们特点的运动休闲设施及相应配套设施，为他们进入并进行运动休闲活动创造便利。

6. 公共效益优先的原则

作为全体市民的公共资源，构建城市高架桥下运动休闲空间时应将可进入性作为一项重要原则，多渠道地拓宽空间范畴，并联系其他运动休闲空间，如公园、商业综合体中的运动休闲功能区等(宋铁男，2013)。

第二节　桥下运动休闲合适的形式及其所需的空间形态

一、球类运动

球类运动主要包括需要较宽的场地，满足基本净空要求，且有拦网的足球、篮球、门球、羽毛球等，以及需要专门台桌设备的乒乓球、台球等(图 7-1)。

二、极限挑战类运动

极限挑战运动具有高难度、刺激性、挑战性甚至一定程度的危险性等特征，一般具有较快的速度、较大的高度或者坡度等，是适合年轻人的对体能、技能、技巧要求高的一种运动类型（图 7-2），如依托较高的桥下净空开展的系列攀爬活动，如图 7-3 所示。

图 7-1　桥下各种球类运动

（左上：宁波绕城高速下的骆驼桥体育场上踢足球的孩子①。右上：林书豪在台北市高架桥下的篮球场投篮②。左下：居民在温州瓯海首个高架桥下体育运动场打门球③。右下：市民在中吴大桥南引桥下打乒乓球④）

① 图片来源：http://cs.zjol.com.cn/system/2017/04/14/021491196.shtml。

② 图片来源：http://news.ifeng.com/taiwan/2/detail_2012_08/30/17211148_0.shtml?_from_ralated。

③ 图片来源：http://www.sohu.com/a/218196807_164825。

④ 图片来源：http://cz001.com.cn。

图 7-2 桥下开展多种极限挑战类运动项目

（左：多伦多桥下公园的滑板运动①。中：美国西雅图Ⅰ-5高速路下山地自行车公园②。右：运动爱好者在高架桥下进行跑酷运动③）

图 7-3 依托桥下净空高度开展攀岩类运动

（图为澳大利亚的维多利亚州高速公路下安装的攀岩墙④）

① 图片来源：http://bbs.zhulong.com/101020_group_687/detail32541256?f=bbsnew_YL_5。

② 图片来源：http://www.worldbikeparks.com/i-5-colonnade。

③ 图片来源：http://news.ifeng.com/a/20170831/51822956_0.shtml。

④ 图片来源：https://therivardreport.com/5-ways-better-use-highway-underpasses-san-antonio。

三、休闲养生类运动

休闲养生类运动大多属于运动负荷相对较小的运动，包括固定器械类运动和健身操、太极拳等集体操类运动。多适合中老年人开展(图 7-4)，对桥下周边环境的绿化、景观品质要求较高。

图 7-4　桥下休闲养生类运动

(左上：扬州市华扬路桥底的运动天地①。右上：桥下跳扇子舞的市民②。左下：广州市番禺区丽江桥底正在排练的“丽江红”腰鼓队③。右下：上海市民在嘉定区高架桥下打太极拳④)

① 图片来源：http://www.fang.com。
② 图片来源：http://image.baidu.com。
③ 图片来源：http://roll.sohu.com/20120626/n346494409.shtml。
④ 图片来源：http://www.jiading.gov.cn。

四、行走类运动

行走类运动主要包括散步、跑步两种类型，宜设置良好、舒适、平整、安全和相对独立的跑道或散步路。加入色彩鲜艳的弹性材料作为跑道路面会更容易激发跑步的持续动力(图 7-5)。

图 7-5　桥下步道

(左：市民在绍兴市区越西路一座高架桥下的特殊运动场里跑步①。右：温州市民在金丽温高速公路(温州双屿段)高架桥下的绿道上散步②)

第三节　桥下运动休闲场地的人性关怀及设施景观

一、桥下运动休闲场地的人性关怀

在不干扰车行交通的前提下，将行人引入桥下，在其中设置健身、休息、游览等功能空间，满足市民日常户外活动及交流的需求，在解决交通拥挤问题的同时，在桥下形成供市民使用的开放性绿地，不失为一种一举两得的使用方式。在这种使用方式下，桥下附属空间的服务对象为行人，因此在景观

① 图片来源：http:// vip. people. com. cn。
② 图片来源：http://photo. zjol. com. cn/system/2014/08/04/020178245. shtml＃p＝1。

营造中必须遵循“以人为本”的原则。立交桥下附属空间因与交通的密切联系，呈现出与其他户外公共休闲空间不同的特征，针对这些特征，在景观营造中所遵循的人性原则主要包括桥下附属空间的安全性、可达性和舒适性等原则（刘骏等，2007）。

二、满足桥下空间运动休闲人性关怀的设计对策

（一）满足安全性要求

高架桥空间的安全性包括车行和人行安全两方面。与其他户外空间相比，高架桥空间最大的不同在于，人流与快速车流关系密切。以下分别对车行安全和人的使用安全进行阐释。

1. 车行安全

高架桥作为城市重要的立体交通路径，保证交通安全顺畅是空间营造的基本前提，这种交通安全优先的原则体现在两个方面。

一是保证必要的视线通达与引导。在高架桥空间营造时，应考虑必要的通视需求。在具体绿化和设施小品的规划布置时，都要以保证车辆、行人安全为前提，尤其是不对驾驶员构成视觉上和交通上的阻碍。在视线引导方面，可通过合理的植物群体组合和色彩布局来满足引导交通的要求。例如，沿高架桥匝道外缘种植成行的高大醒目的乔木，不仅可以增强驾驶员的安全感，还能起到对车行交通进行视觉引导的作用。

二是排除流线干扰。除视线的遮挡外，人流的干扰也是影响车行交通的主要因素。尤其是开放性的高架桥下空间，行人往往需穿越道路才能进入使用，这种人流与车流相互干扰的状况，不仅会影响车行交通的顺畅，同时也带来极大的安全隐患。

因此在桥下空间营造中，应充分考虑交通顺畅的基本要求，必要时采用开辟地下通道、架设人行天桥或设置交通信号灯等多种形式对人流、车流的穿越路径或时序进行引导和控制，达到排除流线干扰、维系交通安全、消除安全隐患的目的。

2. 人的使用安全

人们在使用高架桥空间过程中存在多方面的安全隐患，主要由以下两

种因素导致。

(1) 车行导致的不安全:高架桥空间中,人们面临的最大安全隐患来源于机动车交通。为了规避这种安全问题,首先设计时要对场地进行必要的视线分析,在有车行威胁的区域,应确保使用者对车行情况有良好的视线监视,以便及时调整行动;其次应根据车行流量,选择适当的人行穿越方式,保证使用者能安全地穿越道路进入场地,提高场地的使用频率;最后,在进行桥下功能空间的设计中,应注意有足够的安全防护措施将人的活动与道路隔开,以此避免使用者"蔓延"至道路上,造成流线干扰,导致交通事故。

(2) 设计不当带来的不安全:高架桥空间的设计缺乏安全性考虑,用大量植被将其包裹起来,部分桥下空间更是沦为藏污纳垢的空间死角。据报道,有些城市的高架桥下空间常常聚集流浪汉、"瘾君子"等边缘人群,给当地社会环境埋下很多安全隐患。出于防范心理,人们一般不会光顾此类空间。这种情形下,设计时有必要通过适当的空间疏导将桥下空间变得开敞,使桥下空间与桥侧空间在视线上存在直接或间接的联系,从而打破原有空间的郁闭感。

另外,由于高架桥空间的异质性较差,没有完善的标识系统,人们很容易迷失方向而产生恐惧不安的心理。建构明晰的空间秩序和标识系统可以有效避免这种心理感受产生。

(二) 满足可达性

人们往往对车行交通包围中的高架桥空间望而却步。可达性差致使原本设计好的开放空间因缺乏人气而慢慢衰败,最终成为失落空间的案例比比皆是。这种情况下,可达性直接决定了空间的使用频率。因此,设计时应当为使用者创造多种适合的到达方式,使其能安全便利地到达高架桥空间。例如,在车行交通量相对不大的与高架桥空间相邻的城市道路处,可选择人行横道加信号灯等较为直接的方式,引导人流进入。而在车行交通繁忙的地段,则可根据具体情况选择下穿道、架空道等形式避开车流。还应选择适当的穿越位置,同时在出入口及通道的布置和设计上应考虑强化出入口的标识系统,以及确保良好的视线引导,保证行人的顺畅行进。

(三) 满足舒适性

高架桥空间使用的不舒适性主要体现在光线昏暗和车行交通带来的噪声、灰尘、汽车尾气干扰等。针对这一特殊情况所提出的舒适性原则是指通过设计避免或减少这些不利因素的影响。例如,在存在噪声、灰尘等干扰的主要来向布置适当的构筑物和绿化带以减少干扰。另外可通过合理的空间组织,将一些较为吵闹以及人们停留时间短的活动空间布置在路边,将人们停留时间长的活动空间布置在远离车行道的位置,以形成舒适的休息空间。当然,舒适性还包括有适宜的空间容量,有满足人们使用需求的环境设施等。由于高架桥空间声环境和光环境的特殊性,下面一节将重点探讨声环境、光环境的营造和设施小品的人性化设置(邓飞,2008)。

三、体现人性关怀的设施景观营造

(一) 声环境的营造

高架桥空间的声环境营造目的性很强,并具有非常必要的现实意义。众所周知,城市交通噪声是市区声环境的主要污染源之一。有关研究显示,城市交通密集地带噪声明显超过 70 dB,已对部分居民的工作与生活产生了干扰。交通系统的噪声主要是由车辆动力系统及车辆与道路或轨道的摩擦、震动而发出的。

而高架道路交通和轨道交通在噪声影响特征上还存在不同。对一定的场地而言,轨道交通的噪声具有间歇性特点,而道路交通的噪声是持续性的干扰。据研究表明,70 dB 的铁路噪声与 55 dB 的道路交通噪声对人的干扰程度是一样的。高架轨道线路产生的噪声影响总体上小于高架道路交通。这是由高架道路在城市中的分布地段和噪声特点共同决定的(邓飞,2008)。高架桥附近空间的声环境是恶劣的,尤其在老城区,高架桥与建筑争夺着城市空间,高架桥紧邻着建筑的窗台划过,带来的噪声干扰可想而知。对于噪声的干扰问题,需要在道路的选线阶段进行缓解。以道路红线控制建筑与高架桥的间距,通过延长声音的传播距离来减弱噪声。而对于高架桥空间中的活动人群来说,高架的噪声和震动的影响明显。

对于声环境的改善常用的有两种处理办法:一种是通过人工构筑物、地形和植被等进行竖向屏蔽,以达到削减噪声干扰的目的。如高架桥的隔音墙屏蔽效果就很好,但使用隔音墙容易产生视觉突兀问题,所以应该谨慎选择其形式、色彩及质感,减弱其色彩上的跳跃和避免光污染的形成。另一种较巧妙的手法是利用自然声的营造和模拟来吸引人的注意力,从而间接地降低人们对周围噪声的关注度。

劳伦斯·哈普林在美国西雅图的高速公路公园设计中就是利用地形塑造人工瀑布,用以屏蔽高架交通带来的巨大噪声干扰(图 7-6)。在这一点上,成都某高架桥下的水景和声景塑造有异曲同工之妙。虽然桥体本身未做装饰和绿化,但桥下结合桥柱精心布置瀑布、水池、假山、绿化等造景元素,景色散发出灵动、亲切、自然的魅力,有效吸引了人们的注意力,大大削弱了桥下空间的压抑感和冷漠感。而且,桥下的人工假山及瀑布,巧妙地利用了动态水景的喧闹声来掩盖高架桥车流带来的噪声(图 7-6)。

图 7-6 用水声烘托环境氛围,减弱交通噪声

(图片来源:左图来源于 http://www. settle. gov/parks,右图来源于 http://image. baidu. com)

(二) 光环境的营造

光是一种极富生动性和戏剧性的造景要素。光和影变幻能留给人们无尽的遐思和愉悦的精神体验。对光的视觉心理感受因人而异,不同光感会带给人迥异的感受:或热烈躁动,或恬静闲适。在空间营造中,如何最大限度地利用自然光和人工照明来满足人们生理和心理层次对光的需求,是需要引起人们关注的问题。

自然光是营造空间氛围、创造意境的“特殊材料”。尽管当前外部空间设计中人工照明已占据越来越重要的地位，自然光仍是光环境中最具表现力的因素之一。正如英国建筑师诺曼·福斯特所说：“自然光总是在不停地变幻着，这种光可以赋予建筑特性。同时，在空间和光影的相互作用下，我们可以创造出戏剧性。”相比之下，人工照明就不像自然光这样随时间瞬息万变，更不能幻化出那么细腻柔和的场景，但它同样会给空间带来生机。人工照明的特点是它可以随人们的意志变化，通过色彩的强弱调节，创造静止或运动的多样环境气氛。不论是从安全角度，还是从空间特色方面看，光环境的塑造对高架桥空间来说都是至关重要的。良好的自然光照或人工照明都会对整个空间产生很好的环境烘托作用，并且光线对凌乱的空间可以起到重要的缝合和过渡作用。

基于以上对光的重要性和光的空间特性的认识，对于高架桥空间光环境的营造提出了以下的设计对策。

1. 巧借自然光

在建筑“廊”空间的运用中，人们通过对光线的亮暗过渡关系的处理实现了空间转换和融合。高架桥下空间与“廊”空间在某种程度上具有相似的特性，对于其光环境的营造或许可以从“廊”空间的处理上获得一定的启迪。若能巧借自然光，充分利用高架桥的结构特征以及变幻的光影来造景，则可以带来意想不到的惊喜。夏季里，高架桥下空间产生的柔和光线，让人的眼睛得以休息，进而可以更好地感受到空间的存在。对于高架桥的光环境营造而言，自然光不应仅仅作为植物生长的必备自然因子，还应作为造景要素加以充分利用。巧妙地利用自然光，可以较好地限定空间范围和增加空间层次。在这一点上，人工照明也能产生异曲同工之妙。

2. 适度的人工照明

目前，人们在高架桥空间的夜景塑造方面下了相当大的功夫，但呈现出一味追求富丽堂皇、流光溢彩的宏大效果，整体艺术水准不高的问题，这有管理部门意志的作用，也反映了人们对高架桥空间光环境塑造的认识不足。

夜景营造是体现城市魅力的一种重要方式。夜幕笼罩下,城市的一切纷杂都将消退,灯光成就了都市繁华。不同的空间氛围需要不同的夜景塑造手法。高架桥空间的夜景营造则更需要根据城市总体景色定位来确定光环境整体氛围。对光的布局、色彩、强度等进行控制,以确保夜景塑造能起到画龙点睛的作用(图 7-7)。

图 7-7　桥下灯光景观

(图片来源:http://www.biolinia.com/midtown-viaducts-public-art-light-project/)

对于自然光的运用,强调设计者主观创造“巧借”来营造惊喜,而对于人工照明的运用则要依据人的视觉特性,结合行为活动的特点,恰到好处地进行夜景照明设计。在高架桥空间的夜景处理上,光不管是作为主体表现元素,还是作为环境整合的要素,都应该简洁,避免过分渲染。

(三)运动设施小品的人性化设置

运动设施小品的人性化设置是营造空间舒适性的重要方面。在路幅宽、净高小、空间灰暗单调的高架桥下,人们会产生一种急促、恐惧、不安全的心理暗示,在活动空间的选择上自然而然地排斥这种缺乏吸引力的桥下空间。这种情况下,有时可以通过布置适当的设施小品来提升环境品质。设施小品的设计要具有一定风格特色,但更重要的是要能发挥恰当的功能作用。所以,设计师有必要根据不同区段的交通流量、使用人群、人流分布等,具体分析其交通疏导,设施布局、数量等现实需求问题。特别在设计前期,对使用人群的调查或预测是相当重要的。只有较为准确地判断其现有和潜在的使用人群,并对他们的年龄结构、文化层次、生活习俗等信息进行收集,才具备基本的人性化设计的依据。

第四节　桥下体育运动场地及景观优秀案例分析

一、美国西雅图高架桥下廊柱山地自行车公园

西雅图Ⅰ-5高速高架桥始建于1930年，翻新于2015年12月，廊柱山地自行车公园位于富兰克林大街与布莱恩街交会处，是由长青山地自行车联盟主持修建的一个自行车公园(图7-8)。

图7-8　西雅图桥下廊柱山地自行车公园

(图片来源：http://www.worldbikeparks.com/i-5-colonnade)

二、美国休斯敦高架桥下慢行道

休斯敦45号州际公路高架桥位于美国得克萨斯州的休斯敦市，由SWA景观规划集团设计，桥下利用方式为兼具步道和自行车道的公园。该桥下空间属于得克萨斯州休斯敦的萨宾·贝格比散步道的一部分。散步道是休斯敦针对公共绿地带所做出的最大的一个投资项目，实现了休斯敦自1938年建立起来的滨水地区市政与休闲娱乐的同步发展。它改造了休斯敦9.3 hm^2 的布法罗湾商业区，包括长达914.4 m的带状城市公园和2.4 km的自行车道，同时，也改善了该地区的排水系统。对带状公园穿过的地区的改造极具挑战性，这些地区包括高架桥、公共设备用地以及峭壁和河漫滩等。

这个屡获殊荣的公园于2006年完工，有着宜人的自行车道和舒适的步行道(图7-9)。

图 7-9 休斯敦桥下的慢行道和自行车道

(图片来源：筑龙网博客，http://blog.zhulong.com/u10570831/blogdetail7767316.html)

在高速公路下面长达800 m的路段上有夜间照明，灯光从白色到蓝色，随着月亮的色相而变化，直到进入水牛湾，人们称这里是由高速公路的一个个柱础构成的雕塑公园。

三、美国高架桥下系列滑板公园

1. FDR滑板运动场地

费城市区的爱公园曾是众所周知的最受欢迎的街头滑冰场地之一，但后来被禁止。1994年，作为替补，在费城市区南部建造了一个1486 m^2 的滑板场，受伯恩赛德滑板运动场的启发，滑板爱好者们不断努力改进场地设施。2005 年，该地举办了重力游戏，并在视频游戏《托尼·霍克》的实验场上亮相，公园设有无限混凝土速度线、迷你坡道和垂直坡道。公园是用私人捐赠的资金和免费劳动力所建造的，远远大于城市所提供的最初 1486 m^2 的公园（图 7-10）。

2. 伯恩赛德滑板运动场地

伯恩赛德滑板运动场地项目始于 1990 年俄勒冈州波特兰的一座桥梁，有一群积极的滑板运动员由于缺乏活动场地，促成了第一个桥下 DIY 滑板场的发展。像许多桥梁一样，伯恩赛德大桥下方的堤防设施被忽视，从而陷入混乱状态。该地区成为非法倾销、非法药物交易的临时营地。滑板运动员意识到发展滑板的机会，对该地进行清理后，将混凝土浇筑在堤防基地，使其更有利于滑板运动（图 7-10）。该地还提供垃圾箱和便捷式洗手间。

图 7-10　美国桥下滑板场地

（左：FDR 滑板运动场地。中：伯恩赛德滑板运动场地。右：西雅图桥下滑板场）

3. 西雅图边际方式滑板场

2004 年，西雅图原有的两个滑板场地点需要更换。一些滑冰运动员在市区以南的 HWY99 高架桥下将原来扔生活垃圾和汽车废件的废弃地整治建设成一个人气很高的溜冰场、滑板场。在多雨的西雅图，这个桥下空间很受欢迎，而且大部分建设、修缮经费来自于滑板爱好者。

四、浙江建德市杭新景高速一号高架桥下运动休闲空间

浙江建德市杭新景高速一号高架桥新安江大桥下不仅有篮球场、羽毛

球场、门球场，还有户外电影场、室外五人制足球场、健身广场等。已利用15处桥下空间，其中14处成为市民喜欢的健身场所。原本高低不平、杂草丛生的桥下空间被治理得井井有条，在一片绿意盎然中，许多人在这里尽情挥洒汗水，健身或运动(图7-11)。更让人欣喜的是，有的地方还实现了Wi-Fi全覆盖，还有的地方晚上可以搭起荧幕看露天电影。

图7-11　杭新景高速下空间整治前和整治后

(图片来源：徐建国，2016)

高架桥下私搭乱建、偷倒渣土垃圾、堆放易燃物品等现象非常严重，成为各地打造最美景观高架桥的明显短板，也给高架桥的安全带来隐患。传统的清理整治往往容易反弹，桥下空间管理一度成为难题。如何实现高架桥下空间的长效管理？在深入开展"两路两侧""四边三化"整治攻坚行动中，建德市一方面整治高架桥下的"脏乱差"问题；另一方面建设体育运动场所、休闲公园和停车场等配套设施，发掘可利用的土地资源，彻底告别桥下空间"脏乱差"，并带动周边环境的洁化、绿化和美化。

新安江大桥的桥下空间，是建德市最大的户外运动场所，占地1.07 hm^2，有2个五人制足球场、2个标准篮球场、3个网球场、4个气排球场、1个门球场，还有健身广场、卫生间等设施，并配备了92个停车位。这里距建德市主城区约3 km。建德市大力打造"高速桥下惠民生"工程，实现桥下空间合理利用，让周边百姓得实惠，使桥下"脏乱差"环境彻底改变。

五、挪威德拉门高架桥下运动空间及景观

挪威德拉门的Brupark是一个运动公园。这里原本是一个锯齿状的废弃地，后来成为一个积极和富有活力、广受欢迎和喜爱的运动公园。桥体的

遮盖为下雨天的桥下运动提供了庇护。晚上桥下的灯光照明也增加了溜冰区的活动时间。户外舞台和曲棍球场可以满足人们的多种使用需求(图 7-12)。

图 7-12　Brupark 桥下运动场所及景观

(图片来源:http://mooool.com/zuopin/1858.html)

六、荷兰 A8ernA 公园

荷兰 A8ernA 公园是由 NL Architects 公司设计的高速公路公园。寇安德赞(Koog aan de Zaan)是阿姆斯特丹附近的一个可爱的小镇,坐落于赞河河畔。在 20 世纪 70 年代早期,这里新建了 A8 高速路。为了跨过赞河,A8 高速路需要由桥墩来加以支撑。这条高速路就这样穿过小镇,在小镇的城市肌理中形成了一个粗暴的切口,且导致了小镇的教会和政府的分离:高架路的一侧是一个小教堂,而另一侧则是曾经的市政厅。

A8 高速路下的桥墩约有 7 m 高，因此，桥下的空间变得非常具有纪念性和发展潜力——它可以成为一个教堂的延伸。因此，该项目旨在重新利用大桥下的空间，将小镇被分裂的两边重新连接在一起。当地政府集思广益，邀请当地居民积极参与，最终建造了名为 A8ernA 的公共空间。

2000 年以后，在广泛征集了社区居民的意见后，提出了具体的设计策略。该项目汇聚了停车场、零售业（超市、花店、鱼店等）、多种体育设施（如篮球场、足球场、舞台、桌式足球等）、雕塑、喷泉、公交车站等部分。这些富有吸引力和实用性的空间如今位于教堂前，成为新的聚会中心，鼓励当地居民和游客停留（图 7-13 至图 7-16，项目图片均由 Luuk Kramer 提供）。2003 年，该项目以一种全新的方式重新连接了小镇两边，为其带来新的活力。

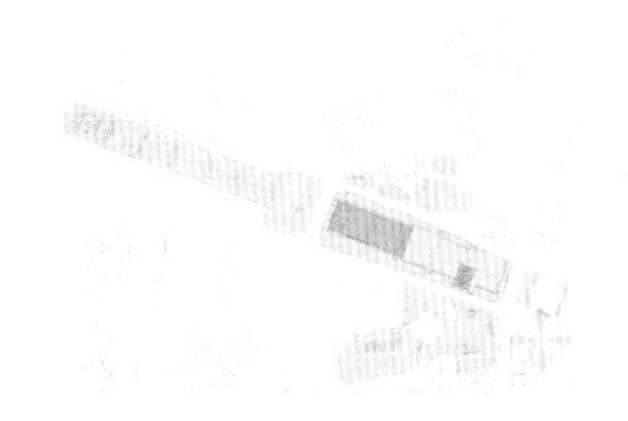

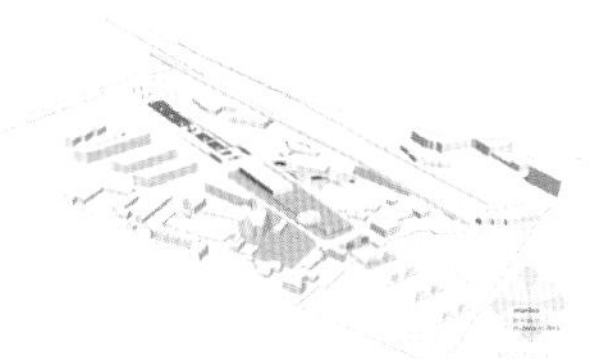

图 7-13　荷兰 A8ernA 公园及高架桥位置

图 7-14　公园外部环境和空间

七、东京高架桥下的健身俱乐部

近些年来，日本东京横贯地面的铁路设施已慢慢由高大壮观的钢筋混凝土结构的高架铁路代替。这种高架铁路架构有助于避免行人通过铁路道口时引发交通拥堵，缓解汽车交通压力。在日本东京高架铁路干线高高的桥墩下，诞生了一个户外健身俱乐部——日本蓝色多摩川（Blue，图 7-17），旨

图 7-15 桥下空间与功能

图 7-16 桥下灯光照明

在为人们提供恢复生理和心理健康的活动场所，让他们可以暂时逃避生活中存在的烦扰，参与健身休闲活动，释放一下生活或工作中的压力。

该项目在规划时，打算在多摩川附近建造一个比较大型的综合性健身中心，可以开展一些诸如骑自行车、跑步、抱石、瑜伽等运动。这个嵌入高架桥下的健身俱乐部既增加了土地利用率，又使高架铁路下的自然环境得到有效改观，可谓一举两得。根据高架铁路下部这个特殊的地理位置的条件，设计师在规划中因地制宜，完全按照施工现场的实际情况来实施自己的设

图 7-17　桥下健身俱乐部外观

（图片来源：设计邦）

计方案。一个满铺实木地板的露台在斜坡上面的路旁修建起来，可以让来此健身的客人在休息过程中看到远处的风景，感受到清风、阳光和各种声音，同时也能远远看到沿着河流在附近的道路上跑步和骑自行车的健身者们（图 7-18）。

在健身俱乐部内部还可以办各种培训班，举行各项活动，或者和朋友相约聚会等（图 7-19）。进入大厅的门口，边上就是供客人用餐的各式餐厅，提供各种各样的食品，里面设有存放物品的储物柜，还有洗手间等设施，十分方便。

该项目在高架桥下这个不寻常的环境中为人们提供了一个方便快捷、花样繁多的商业贸易综合体（图 7-20），那里充满了勃勃生机，因为它恰到好处地为不同的消费群体提供了不同的空间功能，并且满足了人与人之间互动的需要。

简洁、大气、平整的装饰材料可以使外观有所改善。设计师拆除了一些过多的、无用的装饰物，使用最好的材料，鳞状铁皮的外墙就像工厂的仓库一样。日本有很大数量的高架铁路闲置土地上都建起了餐饮等服务大众的设施，很多闲置空间都被利用起来建设一些新的建筑，以为更多的人服务。

图 7-18　入口凉亭及其他小入口

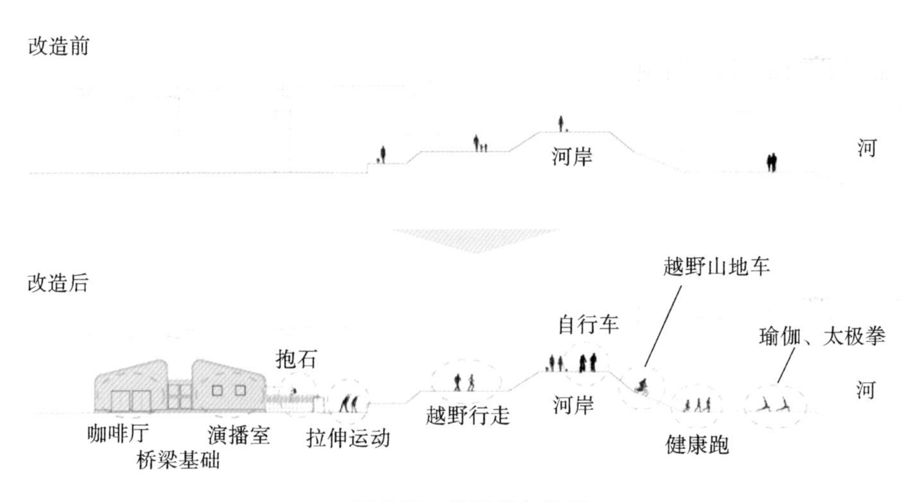

图 7-19　桥下竖向处理

图 7-20　多种内部功能空间

第八章　城市高架桥下其他利用及景观

高架桥下空间的其他用途主要有市政利用、其他商业服务行业利用等。例如日本在高架桥下开设殡仪馆、澡堂，甚至还有录音间。利用高架桥下的长地形，日本横滨电车经营者将原有的停车场改成带温泉浴池的大澡堂，每天都引来众多客人。高架桥下的殡仪馆，肃静的装潢，加上每根大柱子都加装了隔音防震设备，在里面举行对逝去亲友的告别式，不会受到桥上交通的干扰。有的高架桥下还设置了乐手用的练习室兼录音间，特殊的隔音设备让屋里的人不会感觉到电车经过，屋外的人也不会听见室内传出的音乐声等(曾春霞，2010)。这些充分证明了桥下空间能同其他不同功能兼容。

本章将从居住、办公、文化创意、市政服务设施四个方面展示城市高架桥下空间的其他利用方式及其景观特点。

第一节　桥下空间居住利用及景观

桥下空间居住利用是指在高架桥下建设居住建筑物，将原本闲置的场地转化为居住空间的优化利用方式。

1. 重庆市李子坝站(地铁站)下住宅建筑

国内典型的居住利用案例主要集中在地势起伏较大的地区，例如重庆市轨道交通二号线李子坝站。李子坝站位于重庆轨道公司物业楼的六层至八层，双向轨道宽 5～6 m，T 形桥墩，2005 年正式通车运营，是国内轨道交通全线唯一的楼中站(图 8-1)。

李子坝站穿越的这栋建筑，一层到五层是商铺，九层至十九层是住宅，中间六层至八层是轨道交通区域。其中，六层是站厅，七层是设备楼，八层是站台层，每层面积约 3500 m^2，空间高约 3.6 m，列车穿越的长度有 132 m。

在 6 根轻轨柱子与楼房建筑之间，有 20 cm 的安全距离，所以轻轨的运营不会带来楼栋的震动。托举轨道的柱子看不见，埋在下层的房子里。从大楼第一层算起，轨道有 6 根托举柱子，每根长约 22 m。而楼栋的柱子有 90 多根，每根高为 69 m，与轻轨的柱子并不在一起。

图 8-1　重庆市轨道交通二号线李子坝站物业楼

（图片来源：杨茜拍摄）

该项目设计团队从重庆市的实际地势考虑，花费两年时间成功攻克了三大必须解决的难题：首先要保证轨道能顺利穿过楼栋；其次，轨道穿过楼栋时不能影响楼栋结构；最后，轨道站点交通转换的功能布局要合理，能有效疏导客流，满足周边居民的出行需求。自从 2004 年二号线试运营以来，楼栋的居民表示轨道运行噪声远低于城市公汽的噪声。经测算，轻轨采用低噪声和低振动设备，车轮采用充气体橡胶轮胎，并由空气弹簧支持整个车体，运行时噪声远远低于城区交通干线的噪声平均声级 75.8 dB。另外轨道车辆采用直流电牵引，不会产生电磁波干扰。轨道交通二号线“穿”楼而过，为优化重庆市城市高架桥附属空间提供了一种新的思路，充分考虑振动及噪声的干扰。目前，李子坝站已成为中外来渝旅游者的必去热门景点之一，是重庆市山城道桥文化的地标之一（图 8-2）。

2. 日本桥下居住建筑

日本高架桥下也存在居住利用的形式。

图 8-2 轨道下空间绿化及挡土墙彩绘

（图片来源：杨茜拍摄）

（1）中津地区高架桥下贫困居民住所。第二次世界大战后，在日本的主要城市，大部分住房因空袭而化为灰烬，许多无家可归的民众选择在铁道高架桥下这个灰色空间内搭建临时房屋勉强过活。另外，因为铁道的便捷，许多商人开始在车站附近的高架桥下摆摊交易，颇具规模的生活居住区慢慢形成。例如中津高架桥下的集聚居住地，大部分建筑修建年代较早，建筑质量较差，多是贫民居住于此（图 8-3）。依据高架桥的梁柱结构来分隔居住空间，在桥下净空足够的情况下，一般采用底层车库、二层居住的模式。

（2）新型客栈旅馆。2018 年 5 月，日本神奈川县横滨市的京滨急行铁路线（京急本线）高架桥下空间出现了一个独特的住宿设施——Tiny House Hotel。Tiny House Hotel 位于京急本线高架桥下，是日本第一个建在高架桥下的旅馆。该项目的特别之处是结合“Tiny House”的构造来充分利用高架桥下的空间（图 8-4）。

“Tiny House”顾名思义就是“很小的房子”。以 2008 年的全球性金融危机为转折点，美国掀起了“Tiny House”热潮。在 10～40 m^2 的超紧凑空间里，设有厨房、洗手间和卧室。有装有车轮可以移动的房子，也有固定不动的房子。此外，也有自己采购材料从零开始建造的房子和直接就是完成品的房子，能够满足人们不同的喜好（图 8-4）。

“Tiny House”的紧凑正好能与高架桥下的独特空间完美契合，于是 Tiny House Hotel 诞生了。2018 年 5 月 8 日，Tiny House Hotel 正式开业。

图 8-3　日本中津高架桥下的居住空间

图 8-4　京急本线高架桥下的 Tiny House Hotel 模仿美国兴起的“Tiny House”造型

（图片来源：http://www.anyv.net/index.php/article-2237417）

地处横滨市的日出町、黄金町地区，并面向神奈川赏樱名所——大冈川，开业以来吸引了很多客人前来。而且周边有水上活动设施，故而有很多水上活动爱好者聚集于此。

为了能让这个地区更热闹，项目的负责人还想了各种法子来吸引人流，比如发展餐饮业和举办各种活动(图 8-5)。现在，Tiny House Hotel 一周会

图 8-5　黄金町铁道高架桥下定期举办的艺术家创意市集

（图片来源：www.360doc.com/content/18/0114/01/46577229_721727110.shtml）

举办三场不同的活动，以饮食、生活、工作等各种各样的主题进行企划（图 8-6）。因此，与普通的旅馆不同，这里不仅有远道而来的游客，而且也有很多当地人前来。在参加完活动或者烧烤派对后，游客可以直接在旅馆内休息（图 8-7）。

图 8-6　Tiny House Hotel 的悬挂招牌以及周边水上娱乐设施

（图片来源：http://www.anyv.net/index.php/article-2237417）

图 8-7 旅馆内部空间

（图片来源：http://www.anyv.net/index.php/article-2237417）

众所周知，居住需要不受噪声干扰的空间环境。将旅馆建在高架桥下，当列车经过时会有很大噪声，关键问题是这些噪声是否会对桥下居住环境造成明显干扰。实际上这家旅馆并不存在这样的问题。曾经有当地节目组来旅馆进行检测，检测结果表明：当列车经过时，房间内的噪声与图书馆噪声相差不大。说明在一定隔音减振的技术手段下，桥下居住并不会受桥上通车产生的噪声干扰。

综上所述，桥下空间居住利用一般满足以下几点条件。

1. 周边环境

要将居住功能植入高架桥下空间，首先，应该满足便捷安全的交通出行要求，车流不能对居民出行造成干扰。其次，高架桥本身的地理位置也是影响桥下居住利用的关键因素（图 8-8）。若是高架桥位于商业区或是居住区，则应将桥下居住功能与周边环境相结合，消除高架桥对空间的分割，不至于造成桥下居民生活不便、孤立无依的情况。同时，周边特色旅游景点、活动项目的开展也能为桥下居住房屋吸引更多的入住人群，提高吸引力。

2. 场地条件

与其他利用方式不同的是，居住利用对环境的要求很高。由于场地功能的需求，高架桥上部产生的振动和噪声不能对桥下的居住空间造成干扰。为此必须对内部居住空间中的梁板以及墩柱均做特殊的减振隔噪处理，或是建筑不依附于高架桥结构，采用特殊的建筑材料，在一定的技术手段下将

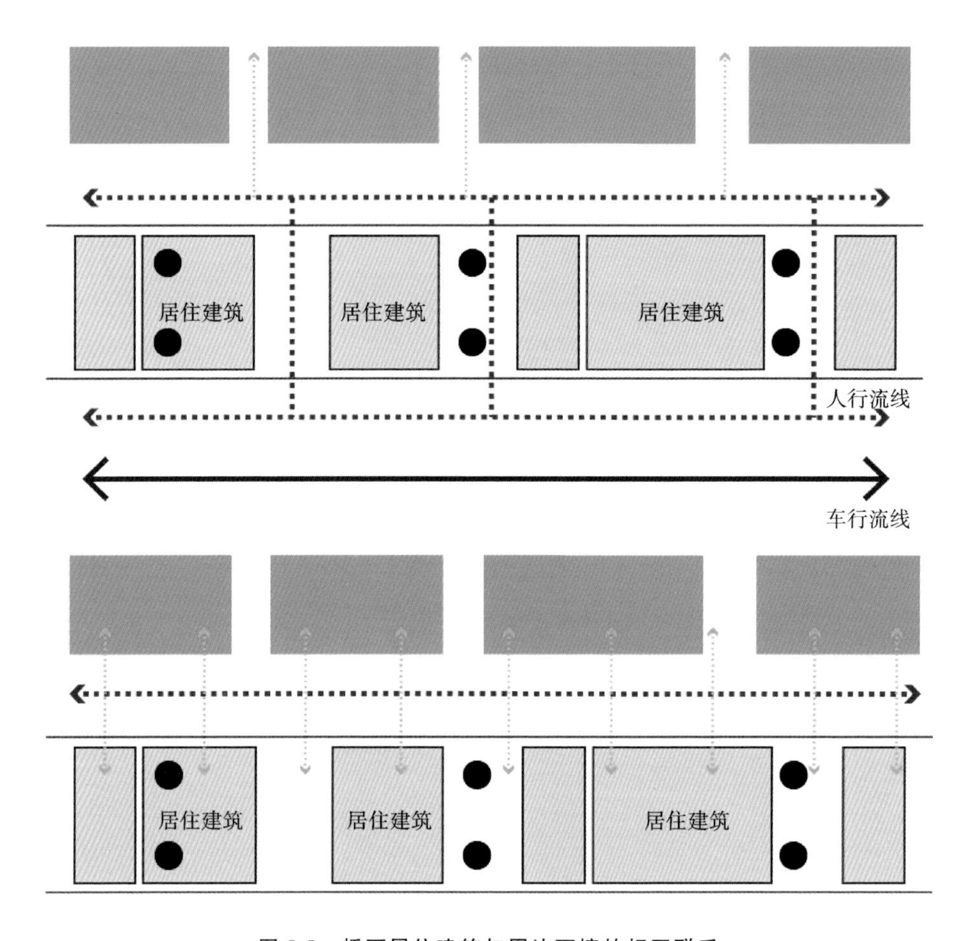

图 8-8　桥下居住建筑与周边环境的相互联系

（图片来源：杨茜绘制）

场地干扰消减到最低程度。此外，高架桥下净空与桥体跨度对居住建筑的形式造成一定影响。桥下一般为一层建筑，在净空足够的情况下，可以修建两层。同时建筑出入口最好避免正对街道，不对内部居民生活产生干扰，这就要求桥体跨度足够宽阔。在跨度不足的情况下，可将建筑出入口朝向街道，统一形式，形成协调的界面（图 8-9）。

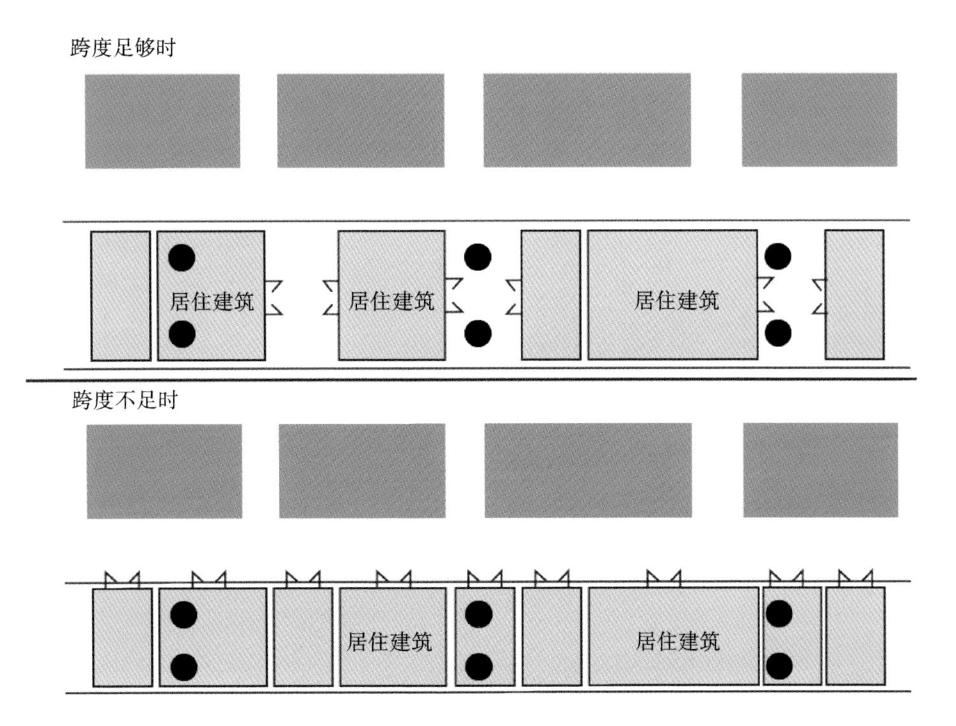

图 8-9 桥下住宅建筑入口朝向

(图片来源:杨茜绘制)

第二节 桥下办公利用及景观

桥下办公利用与桥下居住利用类似,均是在桥下空间加建建筑以满足各自的使用功能需求。典型案例有伦敦高架桥下办公建筑。

英国伦敦 19 世纪修建了紧邻铁路线的高架桥,桥下建筑由伦敦 Undercurrent Architects 公司设计。桥下墩柱分割出明显的拱洞空间,建筑充分利用了桥下拱洞及其附属空间,故名为拱道工作室(Archway Studios),基地面积只有 80 m^2,但却是一座兼顾办公与居住的独特建筑(图 8-10)。

建筑所处的地带是一个工业地块,该项目的设计目标是将其与周围环境融合在一起,即便铁路线照常运行,它也能够适宜工作及居住。周围环境

图 8-10　伦敦桥下办公建筑外部夜景效果图

（图片来源：http://www.ideamsg.com/2012/09/archway-studios/）

的制约使得设计面临极大的挑战。伦敦城内那拥有众多分支的高架桥将社区划分得四分五裂。由于去工业化，这些空置的用地在新时代的用途和创造性的利用对内城建设来讲极其重要。拱道工作室紧挨的这段铁路废弃已久，桥下的拱形桥洞被视为可加以利用的棕色地带，建筑师就在这里施展了才华。为了与周边的工业化环境相协调，建筑采用了锈蚀的耐候钢作为外墙材料，看上去坚固且耐久，充满了历史感与力量感。建筑的顶部和一侧山墙为通高的玻璃幕墙，侧面也仿佛被"割"了两个口子，"挤"出来两扇大窗，其中一个作为建筑入口（图 8-11）。

工作室占据了桥洞的一部分，整体呈与桥洞类似的拱形。室内工作室后方连接着中庭和供居住的凹室。设计师打破所处位置的局限，改变了室内光线不算充足、视野不开阔的状况，营造出宽敞明亮的环境（图 8-12）。钢板环绕整个建筑，形成隔音层，阳光就从钢条之间的开口照进室内。整个结

图 8-11 建筑外表

(图片来源:http://www.ideamsg.com/2012/09/archway-studios/)

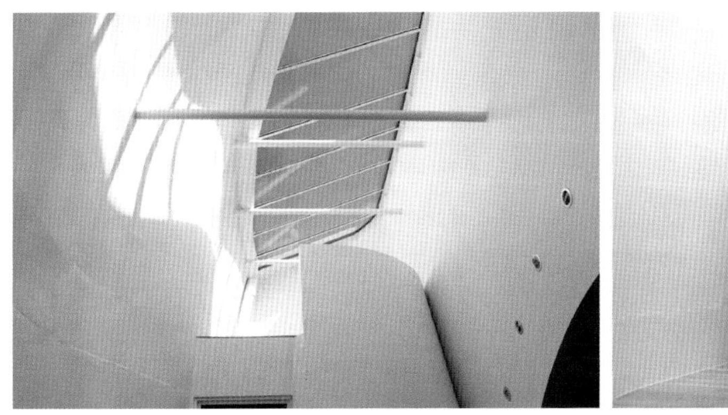

图 8-12 建筑顶部通风采光设计

(图片来源:http://www.ideamsg.com/2012/09/archway-studios/)

构固定在一个独立的橡胶基底上,以达到防震和防噪声的目的。工作室的金属表层也是由多层隔音板和保湿层构成的。建筑外表层是做旧材料,使整个建筑在视觉上与周围环境相融合。

所有窗户开向南面,一个巨大的拱形办公空间位于建筑"中段",充满了阳光,且很少受到外界干扰。工作空间位于中庭空间(图 8-13),住宅空间则是一个个独立的房间,位于北侧。设计师将建筑设计成为长条形的海绵状建筑。具有通高中庭的工作空间与独立房间的住宅空间形成对比。场地的狭长，采光的受限以及噪声的干扰，使得建筑师用智慧尽力地解除周边的条件束缚，建筑做了整体的防噪声层。狭长的建筑，高高的中庭空间（图 8-14），光线从上倾洒而下，南侧宛如挤出的长条形窗户则引入阳光与风，还有附近的树影。外壳的锈蚀钢板与周围的工业环境相互融合，独特的设计让建筑与众不同，成为伦敦老区中一个适应社会的可再生典范（秋落，2012）。

图 8-13　将高架桥下拱洞空间改造成安静的工作空间

（图片来源：http://www.ideamsg.com/2012/09/archway-studios/）

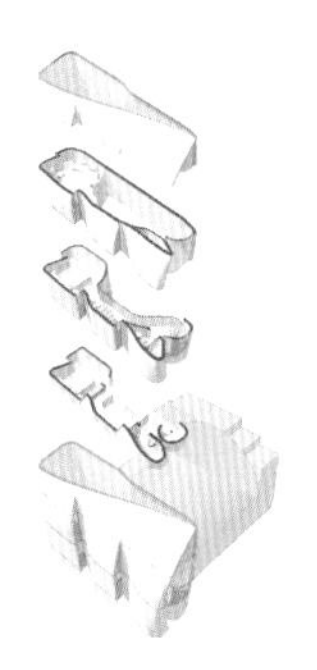

图 8-14　内部狭长的中庭空间及竖向空间

（图片来源：http://www.ideamsg.com/2012/09/archway-studios/）

与其他案例项目不同的是，拱道工作室将利用的桥下拱洞空间全部纳入设计范围，还包括桥旁的空间。同时创新地使用曲面结构来克服场地问题，根据不同功能需求来划分空间，是桥下办公利用的典型代表案例。

第三节 桥下文化创意展示及景观

桥下创意产业区是利用桥下公共空间进行文化创意设计相关活动，形成产业规模集聚、文化形象鲜明，并对外界产生一定吸引力的集生产、交易、休闲、居住为一体的多功能区域。

一、日本横滨市京急本线下的黄金町

黄金町原本是杂乱的红灯区，经过政府强制拆除和改造，铁道高架下空间由京滨急行电铁（私立铁道公司）出资将其重新整顿，改造成为艺术家创意市集，由横滨市和黄金町区域管理中心共同管理，这一地区已经从经济停滞区转变成艺术爱好者的乐园（图 8-15）。

图 8-15 桥下艺术家创意市集

2008 年，第一届“黄金町 Bazaar”在此举办，艺术家策展人山野真悟以“打造未来城镇的意象”为主题，规划各个工作坊，在此期间限定商店进驻，与 2008 年“横滨三年展”结合在一起，当年参观人数多达 10 万人次。到 2018 年，黄金町艺术市集已成功举办了 8 届，具有比较成熟的模式，从艺术家、当地居民、社会性等多方面来看，黄金町正在逐渐发挥其特有的魅力，带来深刻的影响。

由 JA＋U (Japan Architecture＋Urbanism)设计的艺术文化空间就位于这一地区。2009 年，5 位建筑师受邀在京滨桥下长达 100 m 的地块上进行设计，重新定义这个位于铁路桥下的废弃空间，并将之转化成一个集美术馆、咖啡厅、图书馆、艺术设计室、会议空间、工作室和露天广场于一体的艺术家创作活动中心(图 8-16、图 8-17)。受黄金町周围浓郁的艺术氛围的感染,建筑师设计了一个显眼的斜屋顶(图 8-18),屋顶顶端与铁路桥相交,平和安宁的建筑物与上方哐哐作响的火车形成对比,是极具代表性的文创展示空间。

图 8-16　活动中心内部展示空间与艺术家们的工作室、居住空间

(图片来源:www.designboom.com/architecture/art-and-culture-space-under-railway-in-yokohama-japan/? utm_campaign=daily&utm_medium=e-mail&utm_source=subscribers)

图 8-17　活动中心旁的露天广场活动区

(图片来源:http://loftcn.com/archives/83142.html)

二、广州市高架桥下的小洲艺术区

小洲艺术区是国内较为典型的桥下文化创意产业园区改造案例,流传有“北有 798、宋庄,南有小洲”的说法。地处广州市珠江边的小洲艺术区,利

图 8-18　横滨市黄金町桥下艺术活动建筑的斜屋顶

（图片来源：www. designboom. com/architecture/art-and-culture-space-under-railway-in-yokohama-japan/? utm_campaign=daily&utm_medium=e-mail&utm_source=subscribers）

用广州市南沙快速路高架桥桥下空间(图 8-19)，改变了高架桥下原有的垃圾成山、杂草丛生以及部分仓库和饮食店存在火灾隐患的脏、乱、差的整体状况，形成以原创工作室为主体，同时拥有大型展厅、艺术沙龙、艺术品市场以及休闲交流场所的综合性艺术区。

图 8-19　小洲艺术区地理位置及外观

该区全长约 1100 m，建筑面积约 30000 m^2(包括公共道路、广场、停车场等)。坐落在万亩果园深处的小洲艺术区，本质上是一个建在高架桥底下的“临时建筑群”，条件简陋，没有便利的交通条件，没有政府扶持，却在民间力量小打小闹的助推下，成长为华南地区最大、最活跃的原创艺术工作群。它是目前全国唯一的高速公路桥下的艺术区，也是华南地区最大的原创艺术工作室群聚区。

小洲村桥下创意产业园能成功改造的关键因素是其得天独厚的地理位

置与生态景观。位于广州市海珠区东南部万亩果林保护区内的小洲村，与广州大学城一水之隔。小洲村是广州市首批历史文化保护区之一，也是目前广州及附近地区唯一的自然景观和人文景观保存较完整的水乡。其独特的水乡环境和深厚的文化底蕴，吸引了大批专业人员来到这里进行艺术创作。众多中青年艺术家聚居此地，相继建立了一百多个工作室，涉及绘画、雕塑、摄影、书法、音乐、曲艺、文学、陶艺、电影、广播、广告、设计装饰和民俗文化等十几个门类。近年在小洲地区各类型的艺术创作活动、艺术展览和艺术节活动频繁不断，造成了较大的影响(图 8-20)。

图 8-20　小洲艺术区入口与涂鸦墙

(图片来源：上面两张由课题组拍摄，下面两张来自 http://news.ifeng.com/gundong/detail_2012_11/26/19539259_0.shtml)

旨在解决小洲地区公众展览空间缺乏的问题，小洲艺术区在高架桥下建立艺术工作室，突破空间狭小和不足的限制，充分发挥桥下空间高大的特点，从空间、采光和通风等方面满足艺术家创作、生活的需求(图 8-21)。小洲艺术区于 2010 年初正式开始运营，拥有 6 个大型展厅(图 8-22)，充分提供展览场地，每月更换展出不同内容的艺术作品展览，租金却极为便宜，均价为 20 元/m^2，是广州 TIT 创意园和红砖厂的十分之一，基本向所有人敞开了

大门，既可以满足艺术区内入驻艺术家的作品展示需要，还可以面向社会长期组织展览和销售原创艺术作品。总而言之，小洲艺术区依托小洲村多年已经形成的艺术创作氛围基础，发展文化创意产业的良好势头，成为一个大规模的新型集聚区。

图 8-21　内部艺术工作空间

（图片来源：课题组拍摄）

图 8-22　小洲艺术区桥下展览馆

第四节　桥下服务设施及景观

除了上文介绍的适用类型外，服务设施也是高架桥下空间常见的利用类型。

根据周边土地利用情况，可以在高架桥下空间有规划地设置便民设施或与日常生活密切联系的场地，如出租车休息站、汽车修洗中心、图书阅览室、公共厕所等，以满足人们日常生活需求（图 8-23）。例如太原市的高架桥下就设置了电动出租车的充电站，澳门金莲花广场的公共厕所设置在高架桥下，方便市民使用。

图 8-23　桥下市政服务设施利用

（左上：南宁市白沙大桥引桥下银行，图片来源于 http://news.nn.xkhouse.com/html/2451223.html）。右上：太原市高架桥下电动出租车充电桩，图片来源于 http://www.china-nengyuan.com/news/92355.html。左下：重庆市滨江高架桥下汽车美容中心，图片来源于课题组拍摄。右下：澳门金莲花广场前高架桥下的公共厕所，图片来源于 www.hbjx.ccoo.cn）

同时对于占地较大且对居住区有一定干扰的设施，如垃圾压缩站（转运站）、消防站、配电站、材料堆放处等，也可在高架桥下设置（图 8-24、图 8-25）。

除上述市区内部市民利用类型外，还有很多远离市区的高架桥下设施，如高速监控站等。具体案例有法国巴黎德方斯区的高速公路高架桥下的控制中心（图 8-26），这个控制中心与高架桥共用支撑体系，很好地和高架桥的本体相协调，得到了较好的视觉和功能效果。

图 8-24　武汉市高架桥下的配电站及其遮挡设施

（图片来源：课题组拍摄）

图 8-25　台湾基隆市罗斯福高架下的消防机构

（图片来源：彭阿妮，2017）

图 8-26　法国巴黎德方斯区 A14 高架桥下的控制中心

(图片来源:张文超,2012)

第九章　城市高架桥下未来空间利用与景观构想

第一节　城市高架桥下空间新技术的利用

1. 高架桥结构美学设计

在保证快速便捷的交通功能和满足桥梁结构力学的规范要求的前提下，通过风景园林设计手法提高桥梁的美学特征，如桥梁的美学比选，桥体结构部件的比例调整，桥梁选线与城市或大地景观尺度的和谐，桥梁的防腐涂装与城市整体色彩的联系等。

纵观城市高架桥的建设历史，其建造技术经历了立柱加空心预制板梁，到简支现浇箱梁以及连续现浇箱梁的转变，使得高架桥立柱从臃肿变得较为轻盈，造型优美。城市高架桥的整体形象尽量兼顾到与周围建筑的协调统一，诸如沿线视觉景观营造、沿线建筑的设计、沿线的户外广告以及沿线其他景观的处理等（刘颂等，2012）。如上海市沪闵路高架二期工程，在设计中不但采用了视觉效果颇佳的主梁底面为弧形的连续箱梁结构形式，将呆板的立柱改为了树杈状，流线型的“身材”第一次出现在高架桥上，还对道路沿线的环境进行了规划设计，实现了市政设计与环境设计的“联姻”。

另外，桥墩、横梁、主梁等构件尽量采用协调、柔和的形式，融入周边的大环境中。桥梁的附属物形式应简洁明快，尽量避免采用过分醒目和凹凸明显的设施，将桥墩、主梁、高架桥护板在景观上设计成线条流畅的构造，同时对栏杆、隔音屏障、照明设施、管线等进行统一的设计。这些细部的处理同样对桥梁整体景观美化起很大作用。

2. 科学艺术的桥体绿化

城市高架桥自身形象突兀，影响视觉效果的方面可以通过绿化得到修正。桥体绿化可以吸附有害气体、滞尘降尘、削弱噪声，借助攀爬植物构成的绿色轮廓线，可形成独特的城市景观，且能缓解视觉疲劳，提高行车安全性。经研究测定，在炎热的夏季，有爬山虎覆盖的墙面表面温度比裸露的墙面要低 3～5 ℃，还有吸附大气污染物、缓解城市热岛效应的功能。目前越来越多的城市立体绿化和城市形象美化景观措施得以大量运用。

高架桥绿化主要包括高架桥桥面的绿化、立柱的绿化和桥阴绿化等。立地条件差、土壤板结、浇水困难、汽车废气和粉尘污染、部分位置光线严重不足等条件制约着植物的正常生长，因此正确选择植物品种是高架桥绿化成功的关键。要选择合适的高架桥绿化植物品种，首先要研究植物的生物学特性和抗逆能力，研究植物与高架桥之间的色彩、形态、质感的协调。其次要对适生环境进行研究，对高架桥桥面和桥阴的光照度、温度变化等都要进行深入研究。高架桥立地条件千差万别，温度、降水量、光照量、土壤条件等各不相同，要仔细分析才能选择合适的品种。

3. 桥下空间的新科技景观应用

城市高架桥由于体型大、线路长，视觉效果突出。如果不对其桥下空间进行环境景观设计，很容易使其成为缺乏生机、单调的巨型城市构筑物，因此必须加强高架桥下的景观构建，融合城市文化与特有的景观要素，从整体到局部对桥下空间进行设计，使其融入城市。

应充分利用交会型高架桥下空间，可用作生态绿地节点，形成生态廊道，为城市生物物种的生存和迁徙提供路径，同时降低城市交通对环境的污染。

结合桥下空间的各种利用形式(如公园广场、休闲设施、市政设施等)布置艺术性小品、景观标志等。特别是进行功能性的利用时，加入智能化管理系统等新的科学技术，让桥下空间成为一个安全、清洁、有人性关怀的城市公共活动空间，甚至为城市网络生态空间系统构建作出贡献。

第二节 未来城市高架桥下空间利用及角色转换思考

一、城市潜在的新地标之一

尽管高架桥在城市中表现和支持的最基本功能是联系与交通，然而随着城市的发展，现代城市中高架桥的空间角色已经远远超过了原始的基本功能。高架桥的实体属性决定了其自身的城市景观功能，它以简洁、纯粹的外形明确地表达着内在的功能逻辑性。它巨大的跨度、强烈的形体表现力、超凡的尺度均对城市及大地景观产生深刻的影响，从而成为城市空间和城市形象中的重要元素。上海的内环线便曾被评为十大城市新景观之一，足见其对于城市意象品质的影响力之大。

城市高架桥一般都处在城市或区域的结构要害处，对结构或区域形象的塑造有义不容辞的责任。除以其流畅的形态、简约的造型、大空间的跨度产生巨大的物质景观的震撼外，高架桥所表现出的人类自我价值的实现又使之横生出文化景观的韵味。这使高架桥景观在令人震撼之余还有回味，增添了高架桥景观的内涵(于爱芹，2005)。

给人留下强烈印象并有美学特点的高架桥可以成为识别城市的地标，提供一个城市的象征并帮助识别一个特定区域。因此在设计与建造高架桥的过程中，不能仅从功能出发，还应考虑到其自身的景观作用，满足城市的景观要求。

高架桥空间作为一种新型的空间形式和城市景观的构成要素，它的空间组织直接影响到城市的空间形态和城市景观，并不可避免地对城市原有的景观空间结构形成冲击。高架桥的通畅程度以及景观表现，直接影响到城市形象。作为城市的景观元素，高架桥在城市街区内延伸和展示，构成不断变化、相互关联的景观系列，同时又使景观获得联系和连续的特征。它改变了城市的物质空间，更加深刻地影响了社会空间和人们的心理空间，体现出“人的本质力量的对象化”，并赋予城市现代化的魅力。

高架桥空间作为一种特殊的道路空间，具备城市线性空间的基本特征，具有运动、延伸、增长的意味。作为客体系统，它不仅仅是城市的通道，还应被看作是具备线性关系，结合了自然要素，有着流通以及景观生产机制的城市综合系统。它又属于城市空间的客体范畴，具备线性空间的共性因素：人的活动、供人移动的通道、与通道相关的构成元素（人工与自然、建筑与环境）。

处于不同的观察环境中，高架桥所扮演的空间角色也有所不同。对驾驶员来说它是道路，是供汽车行驶的通道；对行人而言则是一种“空中边界”。尽管这种高高在上的边界可能并不是地面层上的边界，但它将来也许会成为城市中十分有效的导向元素。

二、体现城市文明

城市的历史变迁往往最直接地反映在城市整体景观的变化上。高架桥的出现改变了城市景观空间的结构，在城市文明的历史上留下了浓重的一笔。

1. 高架桥景观是社会物质文明的体现

城市高架桥的建设不仅意味着要耗费巨额社会资金，还反映出社会物质的频繁互动对空间跨越的要求。高架桥已成为影响城市景观的重要因素，其景观面貌作为一种现象便与物质文明相联系，使高架桥景观具有了物质文明特性。

2. 高架桥景观是社会精神文明的载体

高架桥因其巨大的体量及造型而对城市居民造成视觉冲击力，在蕴含社会进步与发展意义的同时还表达出一种对社会制度、人类力量的讴歌。此外，高架桥景观还有一种作为地理沟通桥梁的意味，亦即有“纽带”的意义，这使高架桥景观往往成为城市文化及城市形象的窗口。

三、展现景观的场所

高架桥的出现给城市带来了新的景观，也使我们对城市综合形态的意象感知不可避免地带有了多维的特征。对于传统城市来说，它是全新的事物，有着巨大的运输能力和疏散能力，也有着非同一般的尺度。它是穿过城市的“运动流线”，也是人们认识城市的视觉和感觉场所，并在一定程度上成

为表现城市面貌和建筑风格的媒介。

1. 流动的景观特征

高架桥为人们的活动提供了运行轨迹，使其上的所有景物都处于相对位移的变化之中。与普通街道空间不同的是，因其服务的交通工具和对象是高速运动的汽车，从而呈现出城市生活崭新的线性移动方式：流动。移动的概念贯穿了高架桥空间的始终，并呈现出一种流动和变化的特质。在高架桥上穿行并浏览感受城市空间，一系列短暂而多变的运动逻辑干预着高架桥空间的发展变化。

在空间中作为流动与连接通道实质构成的高架桥，承载着都市频繁的交通与移动功能。它是城市规划的产物，而最终体现了线性空间流动的特征。同时，作为城市的交通网络，把各种都市活动组织在一起，成为都市各个功能内容的连接体。从高架桥空间整体出发，它满足了外部秩序——流动的需要，以及形成内部秩序——连接的意义。

空间通道是高架桥结构所提供的运行路线，它顺应自然地形，呈现出或直或曲的流动线形，并以其表面的形式和用途的类似而获得一种连续性。同时，通道的起讫点及变化梯度的清晰构成在形成空间张力的过程中暗示了一种方向性。连续与方向构成流动的基本要求。

2. 多维的景观体验

人们通常会把在一个城市中道路上移动的感觉，直接指向为城市形象感觉，成为个体的城市意象。城市高架桥是城市人生活的一部分，作为一种道路空间，也是城市形象的观赏地，是城市意象产生的客体之一。人在高架桥上移动的过程中观察城市，获得环境意象，也即获得对城市形象的一种感知。城市居民和外来参观者在高架桥上快速行进的过程中，不断感受和认知城市空间和城市的各种活动，不断积累并形成对城市的印象。高架桥展现给观者的不仅仅是它的外在景观，还展示了城市景观及其所体现的不同城市的空间特点和传承已久的城市文化和城市场所精神。

高架桥构成了一种空间关系，在高架桥空间中，可以获得景观联系的“视觉通道”，通过产生的空间构成借景、透景和新的视觉关系，进而丰富了人们对城市形象和城市空间轮廓的认识。并且这种观察由于视点的变化而产生视距和形象的变化，使其景观更具有广袤性、复杂性和趣味性。

作为城市物质形态范畴内重要内容的高架桥，在遵循道路美学基本原则的基础上，更有一些独特的性质，它为城市空间景观的展现提供了崭新的视角和场所。

(1) 增加了城市景观的观赏视点。

(2) 高架道路产生的长向的线性空间，沿着直线或曲线的平面形式，引导视线随道路转折、起伏而变化，流畅生动具有动感效果，赋予观察者全然不同的视觉感受。

(3) 增加了城市景观的体验内容。由于人的视点从 1.5～1.6 m 上升到 5 m 左右，提高了视点，扩大了视野；并且由于始终处于高速运动的状态，城市的动感体验变得十分鲜明。城市在这里主要是一种总体性的展示，形象的整体感成为高架道路的基本视觉要求。

高架桥的出现第一次使人们在城市中的移动脱离地面而升至空中，在高度成就了速度和效率的同时，城市的垂直形态被高架桥拦腰截断、一分为二。显然，这种分野的首要作用是为人们观看城市提供了一个视觉坐标，并创造了他们对于都市景观的新的认知空间，其中所包含的定位规则和想象逻辑使所谓现代都市的繁复概念得以符号化。

在高架桥上以车代步的疾驰直接导致的是人的视觉经验的改观。那些地面上拥挤的车流与人流、芜杂的招牌以及纷乱的街景均被藏匿，日常生活的俗世景观在一种没有任何阻碍的行进中被城市"上半身"干净、单纯、开阔甚至可以说是漂亮的图景所取代。这类图景至少在表面上迎合了人们关于城市的主观印象：恢宏、挺拔、壮阔。当人们从任何一个高架桥的封闭式通道进入城市"上半身"的时候，他们会从内心泛起一种从纷繁琐碎的世俗状态逃离出来的快感，如同人从庸常而不堪的欲望泥沼中抽身而出，在心灵和精神的高端境界得到净化一样。

四、社会生活的载体

城市高架桥空间不仅重构了都市移动的经验，也给寻求幻想的都市人提供了引起"震惊"的机会和场所。它是一组与通道紧密相关的空间序列连

续和片段的集合，对连续性、诱导性以及轮廓、纹理等的关注是高架桥空间场所形成的重要内容。

城市高架桥空间也是一种社会的、生活的空间。作为社会生活载体的高架桥空间反映了都市特有的生存形态。在这种状态下，人们对于高架桥空间的感知与经验被建立在“即刻”的社会关系上，其空间的意义是一种片段的连续、城市的拼贴图景。

第三节 优秀案例

一、美国迈阿密低线公园

低线公园由 JCFO 工作室(James Corner Field Operations)设计，曾经参与设计纽约高线公园的 JCFO 工作室被选定为迈阿密规划 16 km 长的低线公园。评审团从 19 个参赛作品中最终选择了 JCFO 工作室设计的一个线性公园和自行车路线，用其取代从达德兰到迈阿密河地铁段下破旧的多通路。2015 年，50 万美元的设计合同由迈阿密市连同奈特基金会、迈阿密基金会、南佛罗里达的健康基金会和米切尔沃尔夫森基金会共同出资。

在穿过整个迈阿密核心区的城铁系统中，有一段高架铁路下方的区域处于闲置状态，于是 JCFO 工作室便与非营利组织 Friends of the Underline 合作，打算将这片区域设计成一个长 16 km 的公园。

按照设计团队的想法，他们将沿着一条多通路自行车道再建一条平行步行道，步行道宽度大约为 2.4 m，未来还会种上当地植物来吸引小鸟和蝴蝶，从而构建一套完整的生态系统。另外，公园还设有艺术娱乐区域，也允许搭建临时场所用于经营小生意。

从宏观上看，低线公园将从地铁达德兰南站一直延伸至迈阿密河的边缘，成为总长 402 km 的城市道路网的“椎骨”部分。非营利组织 Friends of the Underline 认为它不仅能确保步行者和骑行者的安全，使社区关系更加紧密，也能为城市多创造超过 40 hm^2 的绿化面积。从某种程度上说，甚至成为整个城市的地标景观。

目前，Friends of the Underline 已向政府部门提交公园视觉效果图(图 9-1)，并开始为项目筹集资金，其合作者包括迈阿密-戴德郡公园及地方交通部门，同时迈阿密大学建筑学院也将为整个工程提供人力资源。

图 9-1　桥下景观愿景

(图片来源：理想生活实验室，http://www.toodaylab.com/70874)

二、纽约市布鲁克林区和皇后区的高架桥废弃空间改造方案

Buro Koray Duman 事务所给连接纽约市布鲁克林区和皇后区的主要高速公路(命名 BQE)高架桥下的废弃空间提出了一个概念性的改造方案

(图 9-2),主要关注随着高架公路的延伸,其下部空间内未被利用的土地。改造后的桥下空间增添了流动餐车,该事务所为整个场地构建了两个设计方案,分别为食品中心和运动场。

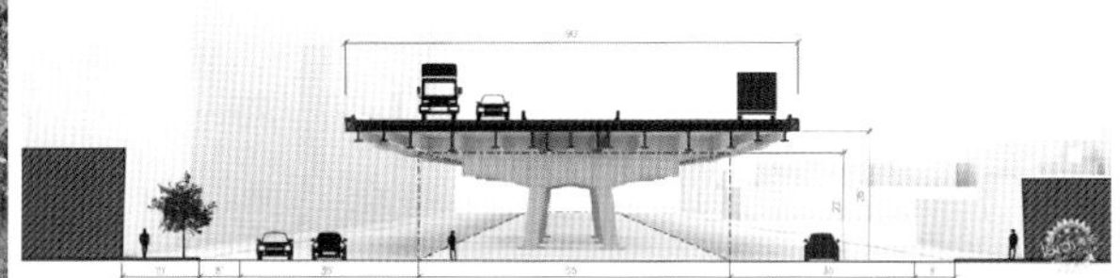

图 9-2　场地位置图及剖面图

(图片来源:www.dezeen.com)

该场地邻近工业城,曾经厚重的老工业综合设施现在被设计师、艺术家以及其他创意专业人士所占据。工业城内部的滨水区综合体在一年一度的纽约设计周期间还举办了许多活动。Buro Koray Duman 事务所提出了两种方案,旨在改造高速公路桥下的黑暗空间,使其变成工业城的门户空间。通过建造大横梁来支承高架公路,横梁的尺寸约为 17 m 宽,高架公路的宽度经测量约为 27 m。

该事务所提出的第一个方案构想为假设此桥下空间为一个食品中心,是"具有褶曲的景观小品和屋顶,定性为商用厨房和流动餐车的停车场"。厨房将为移动的餐车供应食品,然后餐车将开往城市的其他地区以提供食物(图 9-3、图 9-4)。"一旦装食物的卡车离开城市,原停车区域将变成一个公园。"厨房还会为邻近社区提供食物,从而使空间具有"双重功能"。

图 9-3　桥下流动餐车的食品中心设计(方案一)

(图片来源:www.dezeen.com)

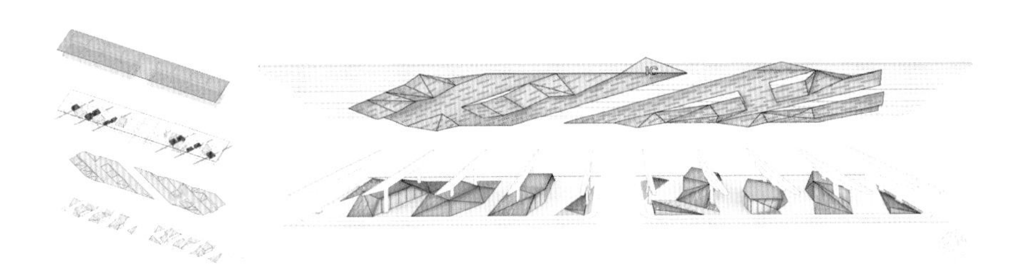

图 9-4　食品中心方案提议的概念分解图

（图片来源：www.dezeen.com）

第二个方案要求在高速公路桥下建造体育竞技场以便开展体育项目（图 9-5、图 9-6），体育项目可以不受桥上来往车辆产生的噪声所影响。设计提出创建包括篮球、排球等体育活动和健身课程的场地。在冬季，露天体育中心将通过一个充气结构封闭起来，掩盖于高架公路下部空间内。

图 9-5　桥下建造体育竞技场效果图(方案二)

（图片来源：www.dezeen.com）

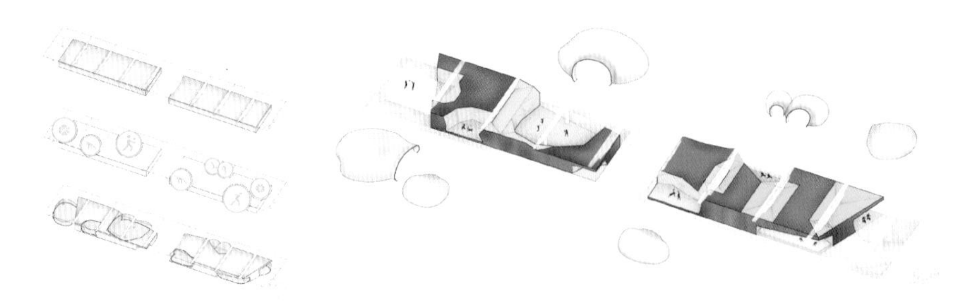

图 9-6　体育竞技场方案提议的概念分解图

（图片来源：www.dezeen.com）

该方案是建筑师最新提出的一系列计划之一，用来激活高架路、铁路轨道和其他交通线路下方未被利用的空间。“该方案旨在和纽约市政府讨论有关这些现存基础设施下部的巨大的闲置空间的利用潜能。”

三、意大利垂直小镇(Vertical Villages)

这是 Solar Park South 国际设计比赛的获奖项目，旨在将意大利境内一段废旧的高架桥改造为一个住宅类综合项目。OFF Architecture 公司、PR Architect 公司和 Samuel Nageotte 公司共同完成的设计方案——“垂直小镇”(Vertical Villages)的设计概念——最终用于此次改建。该项目拟在滨海高架桥下建设 9300 m^2(186 个单元)的住宅，公共项目有 4135 m^2 的购物-观光区，2240 m^2 的服务-办公区，竣工日期为 2025 年(代照，2015)。

垂直小镇的灵感来自高架桥本身桥梁的形态，设计师在巩固高架桥固有的建筑形式的同时，也将它对周围环境的影响降到最低。桥面的建设包括商业区、设备房、医疗中心和休闲场所等。为了保存旧建筑的完整性，设计师放弃了重塑新建筑形式的方式，而是加强已有建筑的存在感，让环境自身去适应，重点突出高架桥原本的特征(图 9-7)。

图 9-7 尊重原桥梁结构造型的垂直小镇演变构思

基于初始评估和工程判断，报告提供了多种初始设计方案。目标是根据提议进行讨论，找出实施方案，并进一步找到方案的解决办法。设计团队给出了一个切实的答案：从设计到建筑形态，要把废弃在山谷中的高架桥改建成度假胜地，首先需要考虑的是高架桥周遭的环境，并且顾及高架桥上可见以及不可见的构成元素，方案大胆而让人期待。

接下来的难题就是在风景如画的环境内设计出方案。设计可以是意大利卡拉布里亚地区普通建筑的简单延续，也可以让这个非典型改造项目富有创意。设计师选择了后者。建筑方案既有亭阁的独立特性又有公寓的优势。其中一个高架桥的桥面上设置了一条行人散步小径，同时保留城市交通用道。这样，环境内的基础建筑设施既呼应了原有的高架桥环境，又保证了人们的生活品质(图 9-8)。

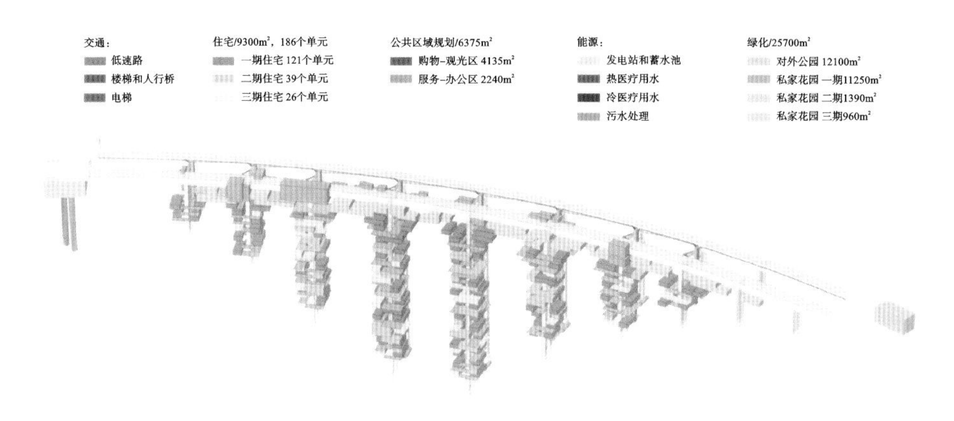

图 9-8　垂直小镇的功能分区

方案中，建筑横向的稳定性受到关注。从原有的桥梁建筑到标准较高的居住建筑，现有结构的横向稳定性需要加强。一种解决方案是在两条马路间安装支撑构件，使它们共同作用以增加建筑的宽度。这些高架桥由原有主干道修改而来的小路连接，主干道的建设需考虑较大交通流的情况，所以桥的承重量大于一般的桥梁。另外一种方案是在设计中强调采用最少的材料来增加墩距，这也是在尽量限制建筑对周围风景产生的影响。此外，这个区域面朝大海，站在高架桥上可以远眺第勒尼安海。除了高压线的连接，整个地区远离了纷扰尘世。埃特纳活火山的存在，提供了丰富的地热资源，可以用来发电和制作医疗用热水(图 9-9)。另外，世界上近 95%的佛手柑产自卡拉布里亚区，鉴于种植这种植物需要恒定的空气湿度和温度，对生长环境有苛刻要求，说明了该地区的气候稳定程度在世界上少见。

高架桥的重建为新移民居住所需的基础设施建设提供了契机，可营建适宜老年人的度假胜地。这样的环境足以吸引北欧退休人士，他们退休后往往迁居至其他国家，寻找质量更高的居住环境，因此被称为“North American Snowbirds”(北美雪鸟：自 1925 年起，被南美洲国家特指那些为了躲避寒冬而迁徙的居民。之后词条被引用，特指旅游业。20 世纪 70 年代

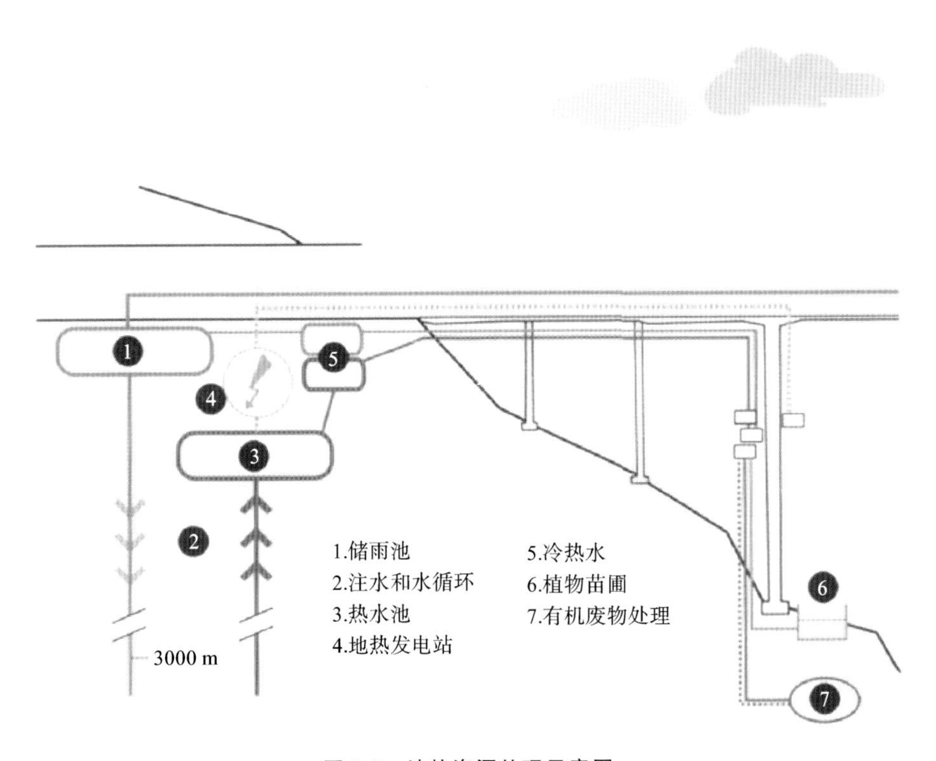

图 9-9 地热资源处理示意图

末，演变为专指去佛罗里达州过冬的加拿大人。在英国、美国和加拿大的词典中都有收录)。

这样的居住环境在北欧似乎很难找到，然而卡拉布里亚区的环境仿佛是为移民大军事先准备的。建筑将会兼具新旧元素，像是一处混搭的现代化考古地址——给现有建筑披上新衣，重新建造，赋予其崭新的生命(图 9-10)。

四、多伦多市嘉丁纳高速桥下空间改造

早在 2015 年 6 月份，多伦多市议会就反对拆除沿安大略湖沿岸城市的嘉丁纳高速公路。理事会却投票赞成“混合计划”，将重新配置多伦多市东部高速公路的一部分，同时保留市中心和多伦多市西部的高架道路。由于

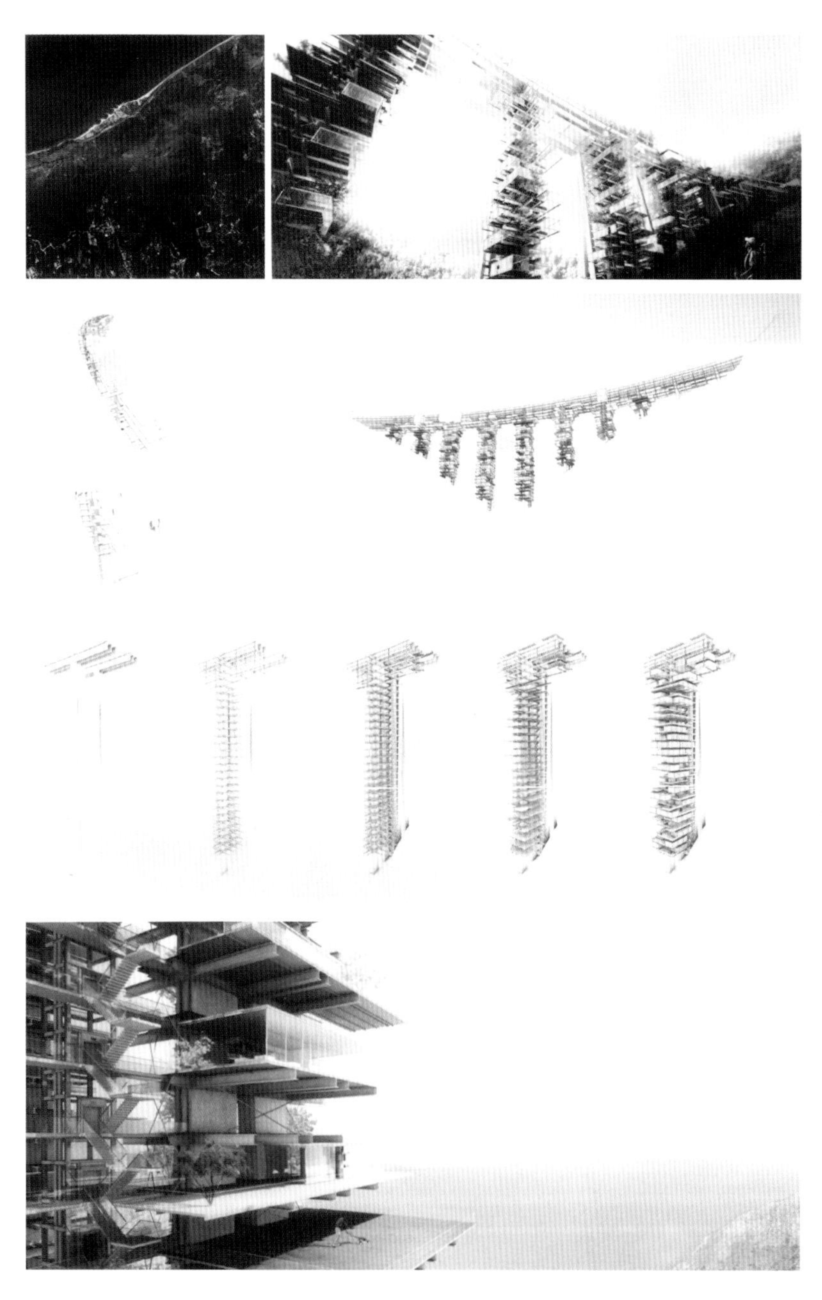

图 9-10　设计结构图

多伦多市不能或者不会完全拆除嘉丁纳高速公路，所以这个城市正在计划在它周围进行改造。将嘉丁纳高速公路下面的区域改造成充满活力的社区空间，它将承载一系列的文化规划——为附近的70000位居民和周边地区的居民创造一个新的户外客厅(图9-11)。

图9-11 项目规划图

(图片来源：https://www.azuremagazine.com/article/under-gardiner-torontos-big-park-plan/)

该项目将把嘉丁纳高速公路下部大约4 hm^2 的地块变成市场、公园空间、活动区域和用作其他公共用途的空间。它将用2500万美元的私人捐款建造。该项目将把这些社区与创新的“可编程”空间编织在一起，展示多伦多市独特的文化和相关产品——音乐、食品、戏剧、视觉艺术、教育和公民、舞蹈、体育和娱乐。这些空间被设想为“房间”，这是由一系列支撑嘉丁纳高速公路的混凝土柱和梁结构元素定义的。多达55个民用房间可以设置各种各样的功能，以满足全年规划用途需求。

这个项目将为步行和自行车骑行创造一条新的非道路路线，它的目标是建设城市最密集和最适合步行的城市街区，创建一个新的东西文化汇集和舒适的走廊，有助于连接滨水的景点，包括莫尔森圆形剧场、BMO球场、历史性的约克堡、多伦多音乐花园和女王码头、海滨中心、多伦多铁路博物馆等著名景点。这个项目将使用关键的地标作为精神象征——历史性的约

克堡、令人惊叹的新的游客中心、新的约克堡图书馆以及附近的绿地，如伍德公园、加冕公园、多伦多音乐花园、女王码头等。

多伦多市还将引导公众参与项目咨询，邀请多伦多市民参与设计过程和发展规划的设想。通过社交媒体、项目网站、公众会议，多伦多市民能够提出他们的反馈意见、建议和想法（图 9-12）。有关公众咨询和参与的进一步细节很快可被分享。工程于 2016 年夏季开始，项目的初期阶段于 2017 年完成。

图 9-12　桥下空间未来新景观

（图片来源：https://www.azuremagazine.com/article/under-gardiner-torontos-big-park-plan/）

纵观国内外诸多优秀的桥下空间利用形式和案例，以及对未来新的利用途径的构想，相信我国大量城市高架桥下空间利用及景观将会得到城市各部门的重视。及早进行规划和设计，发现它们有效综合利用的途径，在提升城市景观品质的同时，还有利于丰富城市生态文明建设的新内涵。

参考文献

[1] HANG J,LIN M,WONG D C,et al. On the influence of viaduct and ground heating on pollutant dispersion in 2D street canyons and toward single-sided ventilated buildings[J]. Atmospheric Pollution Research,2016,7(5):817-832.

[2] HANG J, LUO Z W, WANG X M, et al. The influence of street layouts and viaduct settings on daily carbon monoxide exposure and intake fraction in idealized urban canyons [J]. Environmental Pollution,2016(9):1-15.

[3] BARBARA M. Completing our streets: the transition to safe and inclusive transportation networks [M]. Washington DC:Island Press, 2013.

[4] OKE T R. Street design and urban canopy layer climate[J]. Energy and Buildings,1988,11(1-3):103-113.

[5] Anon. 2016 ASLA GENERAL DESIGN AWARD OF EXCELLENCE: Underpass Park by PFS Studio with The Planning Partnership[EB/OL]. (2016-12-07). http://www. gooood. hk/2016-asla-underpass-park-by-pfs-studio-with-the-planning-partnership. htm.

[6] 安丽娟.武汉市城区高架桥下绿化植物光合特性研究[D].武汉:华中农业大学,2012.

[7] 车丽彬,聂立力,何丹.长距离高架桥下部空间交通改善方法研究——以二环线武昌段为例[J].城市道桥与防洪,2014(2):7,20-23.

[8] 陈梦椰.重庆主城核心区滨江高架桥下部空间利用的调查与研究[D].重庆:重庆大学,2015.

[9] 陈敏,傅徽楠.高架桥阴地绿化的环境及对植物生长的影响[J].中国园

林,2006,22(9):68-72.

[10] 陈庆泽,茅炜梃,李骏豪.结合城市立交体系的雨水生态收集利用系统设计——以合肥金寨路高架为例[J].安徽建筑,2016,23(3):217-219.

[11] 陈新,方海兰.上海绿地土壤改良大有可为[J].上海建设科技,2002(3):24-25.

[12] 戴显荣,饶传坤,肖卫星.城市高架桥下空间利用研究——以杭州市主城区为例[J].浙江大学学报(理学版),2009,36(6):723-730.

[13] 代照.意大利"垂直小镇"[J].现代装饰,2011(7):78-81.

[14] 邓飞.城市高架桥主导下的开放空间设计初探[D].武汉:华中农业大学,2008:30-32.

[15] 邓清华.城市色彩探析[J].现代城市研究,2002,17(4):51-55.

[16] 丁少江,黎国健,雷江丽.立交桥垂直绿化中常绿、花色植物种类配置的研究[J].中国园林,2006,22(2):85-91.

[17] 冯茈.园林美学[M].北京:气象出版社,2007.

[18] 高钦燕.福建省城市植物景观彩化设计研究[D].福州:福建农林大学,2013.

[19] 耿立民,耿兴全,王忠,等.谈造林地的环境条件[J].林业勘察设计,2012(3):6-7.

[20] 关学瑞,蔡平,王杰青,等.国内高架桥绿化及研究现状[J].黑龙江农业科学,2009(2):168-170.

[21] 汉斯·罗易德,斯蒂芬·伯拉德.开放空间设计[M].罗娟,雷波,译.北京:中国电力出版社,2007.

[22] 洪宗辉.环境噪声控制工程[M].北京:高等教育出版社,2002.

[23] 黄建军.CBD开放空间人性化设计[D].重庆:西南大学,2007.

[24] 黄泰康,赵海保,刘道荣.天然药物地理学[M].2版.北京:中国医药科技出版社,1993:297-299.

[25] 贾雪晴.园林植物色彩的心理反应研究[D].杭州:浙江农林大学,2012.

[26] 简·雅各布斯.美国大城市的死与生[M].金衡山,译.南京:译林出版社,2005.

[27] 姜楠.城市道路的综合景观环境色彩研究[D].北京:中央美术学院,2009.

[28] 金奕.我国各城市高架桥情况(下)[EB/OL].(2016-01-11).http://bbs.zhulong.com/102020_group_727/detail9205597.

[29] 景观邦.高架桥灰空间设计[EB/OL].(2017-08-10).https://mp.weixin.qq.com/s/J44qTIZp0IxoMx6w0S1i-g.

[30] 鞠三.城市高架桥的几种结构形式与构造特点[J].铁道勘测与设计,2004(3):99-102.

[31] 凯文·林奇.城市意象[M].方益萍,何晓军,译.北京:华夏出版社,2001.

[32] 科拓股份.国内首个高架桥立体停车楼在渝试行——引入科拓全视频智慧停车解决方案[EB/OL].(2017-03-14).http://www.afzhan.com/news/detail/53386.html.

[33] 李道增.环境行为学概论[M].北京:清华大学出版社,1999:15.

[34] 李海生,赖永辉.广州市立交桥和人行天桥绿化情况调查研究[J].广东教育学院学报,2009,29(3):86-91.

[35] 李青,沈虹.绿色亚运 花城广州 广州"迎亚运"城市绿化升级改造工程[J].风景园林,2011(5):62-65.

[36] 李莎.长沙市立交桥绿化现状及植物配置模式分析[D].长沙:湖南农业大学,2009:30-35.

[37] 李文博.郑州市高架桥下环境场所的营造及景观再利用研究[D].西安:西安建筑科技大学,2015.

[38] 李征.论色彩的心理效应[J].石家庄职业技术学院学报,2004,16(3):45-48.

[39] 梁隐泉,王广友.园林美学[M].北京:中国建材工业出版社,2004.

[40] 梁振强,区伟耕.开放空间——城市广场·绿地·滨水景观[M].乌鲁木齐:新疆科技卫生出版社,2005.

[41] 刘滨谊.现代景观规划设计[M].2版.南京:东南大学出版社,2005.
[42] 刘弘,马杰,刘振威,等.不同植物群落的生态效应研究[J].山西农业科学,2008,36(7):81-85.
[43] 刘骏,刘琛.城市立交桥下附属空间利用的景观营造原则初探[J].重庆建筑大学学报,2007(6):7.
[44] 刘颂,肖宇.城市高架桥的景观优化途径初探[J].风景园林,2012(1):95-97.
[45] 芦原义信.街道的美学[M].尹培桐,译.天津:百花文艺出版社,2006.
[46] 芦原义信.外部空间设计[M].尹培桐,译.北京:中国建筑工业出版社,1985.
[47] 陆明珍,徐筱昌,奉树成,等.高架路下立柱垂直绿化植物的选择[J].植物资源与环境,1997,6(2):63-64.
[48] 路妍桢,王浩源,王鹏.城市高架桥下剩余空间的优化利用[J].安徽农业科学,2016,44(8):182-185.
[49] 吕正华,马青.街道环境景观设计[M].沈阳:辽宁科学技术出版社,2000.
[50] 马铁丁.环境心理学与心理环境学[M].北京:国防工业出版社,1996.
[51] 迈克尔·索斯沃斯,伊万·本-约瑟夫.街道与城镇的形成[M].李凌虹,译.北京:中国建筑工业出版社,2006:88-93.
[52] 毛子强,贺广民,黄生贵.道路绿化景观设计[M].北京:中国建筑工业出版社,2010.
[53] 莫伟丽,金建锋.城市高架桥下公共停车场建设与管理探讨[J].山西建筑,2017,43(36):25-26.
[54] 彭阿妮.城市高架桥桥下空间再利用设计研究——以重庆市为例[D].武汉:湖北工业大学,2017.
[55] 丘银英,周军.天津市"4个2"快速路系统的道路交通特性及其对商业网点布局的影响[J].城市,2006(3):39-42.
[56] 秋落.桥洞下的秘密——拱道工作室[J].室内设计与装修,2012(12):68-72.

[57] 曲仲湘,吴玉树,王焕校,等.植物生态学[M].2版.北京:高等教育出版社,1983:19-21.

[58] 任兰滨.实现传统建筑的改造性再利用——广州上下九商业街区的保护对策[J].沈阳建筑大学学报(社会科学版),2005(1):22-24.

[59] 佚名.日本/社区的商业设施[J].设计,2016(24):16.

[60] 沈建武,吴瑞麟.城市道路与交通[M].2版.武汉:武汉大学出版社,2006.

[61] 史源,吴恩融.香港城市高空绿化实践[J].中国园林,2015,31(3):86-90.

[62] 斯蒂芬·马歇尔.街道与形态[M].苑思楠,译.北京:中国建筑工业出版社,2011:3-15.

[63] 宋铁男.城市运动休闲空间建设研究——以沈阳市为例[D].上海:上海体育学院,2013:38-39.

[64] 苏伟忠.城市开放空间的理论分析与空间组织研究[D].开封:河南大学,2002.

[65] 孙全欣,冯旭杰,甘恬甜.城市立交桥下空间资源利用的方法研究[J].交通运输系统工程与信息,2011,11(s1):49-54.

[66] 覃萌琳,农红萍,牛建农.立体绿化——创建节约型城市的重要途径[J].中国城市林业,2007,5(5):12-15.

[67] 王富,李红丽,董智,等.城市周边破坏山体的立地条件类型划分及其植被恢复措施——以山东淄博市为例[J].中国水土保持科学,2009,7(1):92-96.

[68] 王健.交通美学:理论与实践[M].北京:科学技术文献出版社,1992.

[69] 王莲霆.城市畸零空间的利用研究[J].住宅与房地产,2017(23):270.

[70] 王孟霞,李志远.高架桥下的城市平面交叉口设计改善[J].山西交通科技,2015(2):41-43.

[71] 王瑞.福州高架桥阴地生态环境及绿化研究[D].福州:福建农林大学,2014.

[72] 王婷.城市道路绿地景观色彩设计研究[D].哈尔滨:东北农业大

学,2013.

[73] 王雪莹,辛雅芬,宋坤,等.城市高架桥荫光照特性与绿化的合理布局[J].生态学杂志,2006(8):938-943.

[74] 王永清.关于利用高架桥下空间发展公交和慢行交通的思考[C]//中国城市规划学会.公交优先与缓堵对策——中国城市交通规划2012年年会暨第26次学术研讨会论文集.2012:2121-2124.

[75] 王长宇.城市高架桥附属空间景观设计策略研究[D].哈尔滨:东北林业大学,2016.

[76] 望晶晶.城市运动休闲空间环境景观构建分析[J].大众艺术.2016(4):96.

[77] 吴华,宋长明,张浩然,等.成都市二环路高架桥下空间绿化研究[J].黑龙江农业科学,2015(7):96-102.

[78] 夏祖华,黄伟康.城市空间设计[M].2版.南京:东南大学出版社,1992.

[79] 筱原修.土木景观计划[M].东京:技报堂,1982:147-149.

[80] 谢旭斌.城市立交桥下空间的利用与设计[J].城市问题,2009(12):97-101.

[81] 熊广忠.城市道路美学——城市道路景观与环境设计[M].北京:中国建筑工业出版社,1990.

[82] 徐建国.杭新景高速高架桥下建起运动场 以前脏乱差现在人气爆棚[EB/OL].(2016-12-19).http://zjnews.zjol.com.cn/zjnews/hznews/201612/t20161219_2205100.shtml.

[83] 徐晓帆,吴豪.深圳市立交桥垂直绿化植物选择与配置[J].广东园林,2005,30(4):15-16,22.

[84] 许瑞,陈丰,蔡泞铃,等.武汉市高架桥下的“灰空间”利用研究[J].科技致富向导,2014(12):156-159.

[85] 扬·盖尔.交往与空间[M].何人可,译.4版.北京:中国建筑工业出版社,2002.

[86] 杨赉丽.城市园林绿地规划[M].2版.北京:中国林业出版社,2006.

[87] 杨玥.城市“灰空间”——高架桥下部空间改造利用研究[D].杭州:浙江大学,2015.

[88] 姚艾佳.城市高架桥附属空间景观设计与改造研究——以西安市为例[D].西安:西安建筑科技大学,2015.

[89] 殷利华,万敏.武汉城区高架桥桥阴绿地光环境特征及绿化建议[J].中国园林,2014,30(9):79-83.

[90] 殷利华.基于光环境的城市高架桥下绿地景观研究[M].武汉:华中科技大学出版社,2016.

[91] 于爱芹.城市高架桥空间景观营造初探[D].南京:东南大学,2005:9-11.

[92] 于坤.济南城市立交桥绿化植物选择与配置模式研究[D].济南:山东建筑大学,2013.

[93] 俞孔坚.景观:文化、生态与感知[M].北京:科学出版社,1998.

[94] 曾春霞.城市高架桥桥下空间资源利用探索[J].规划师,2010,26(s2):159-162.

[95] 张传福,曾建荣,文谋,等.高架桥对街道峡谷内大气颗粒物输运的影响[J].环境科学研究,2012,25(2):159-164.

[96] 张辉,魏胜林,徐梦莹.苏州市主城区城市高架桥地面道路绿化探讨[J].南方农业,2011,5(9):38-42.

[97] 张文超.轨道交通高架区间沿线空间利用模式研究[D].北京:北京交通大学,2012.

[98] 张杨.空间·场所·时间——建筑场的基本构成要素[J].河北建筑工程学院学报,2000,18(2):26-29.

[99] 张志轩.高架桥下热湿环境对桥下空间利用和景观的影响研究——以武汉4个典型的高架桥为例[D].武汉:华中科技大学,2014.

[100] 赵岩,谷康.城市道路绿地景观的文化底蕴[J].南京林业大学学报(人文社会科学版),2001,1(2):58-61.

[101] 郑向敏,宋伟.运动休闲的概念阐释与理解[J].北京体育大学学报,2008(3):316.

[102] 郑园园.城市高架桥下的灰色空间利用——以乌鲁木齐为例[J].美与时代(城市版),2017(10):15-16.

[103] 中国产业信息网.2016年中国汽车保有量现状及报废量预测[EB/OL].(2016-04-19).http://www.chyxx.com/industry/201604/407660.html.

[104] 中国土壤学会农业化学专业委员会.土壤农业化学常规分析方法[M].北京:科学出版社,1983.

[105] 罗杰·特兰西克.寻找失落空间——城市设计的理论[M].朱子瑜,张播,鹿勤,等,译.北京:中国建筑工业出版社,2008.

[106] 土木学会.道路景观设计[M].章俊华,陆伟,雷芸,译.北京:中国建筑工业出版社,2003.

[107] 克莱尔·库珀·马库斯,卡罗琳·弗朗西斯.人性场所——城市开放空间设计导则[M].俞孔坚,孙鹏,王志芳,等,译.2版.北京:中国建筑工业出版社,2001.